U0814872

21世纪高职高专规划教材

高等职业教育规划教材编委会专家审定

电路与电子技术实训及其仿真

主　编　李　莉　王贺珍

副主编　郭根芳　潘　慧

北京邮电大学出版社

www.buptpress.com

内容提要

本书共分为6章，主要介绍电子测量基础知识、常用仪器仪表及其使用方法、Multisim 2001仿真软件介绍、电路部分实验、电子技术部分实验以及综合实训。其中电路部分共安排了6个实验，电子技术部分安排了4个实验，实训部分为万用表的安装与调试以及调幅(AM)广播晶体管收音机的组装与调试、集成电路调频/调幅收音机的组装与调试、调频耳机的组装与调试，可以根据具体情况灵活选用。

本书以实际操作为主，每一个实验设置实验目的、实验仪器、实验预习要求、实验原理与步骤以及实验报告与思考题，具有很强的操作性，通俗易懂。除此之外，每个实验后面均附有相应的仿真实验内容及步骤，使学生在正式实际操作前先按照仿真内容进行预实验，有助于增加学生对实验内容的理解。本书具有较强的实用性，既可适用于高职高专通信、电子、计算机类师生作为教材使用，也可以供相关技术人员参考。

图书在版编目(CIP)数据

电路与电子技术实训及其仿真/李莉，王贺珍主编. --北京：北京邮电大学出版社，2013.1

ISBN 978-7-5635-3395-4

Ⅰ.①电… Ⅱ.①李…②王… Ⅲ.①电路理论—高等职业教育—教材②电子技术—高等职业教育—教材 Ⅳ.①M13②TN01

中国版本图书馆CIP数据核字(2013)第007810号

书　　　名：电路与电子技术实训及其仿真

著作责任者：李　莉　王贺珍　主编

责 任 编 辑：孔　玥

出 版 发 行：北京邮电大学出版社

社　　　址：北京市海淀区西土城路10号(邮编：100876)

发 行 部：电话：010-62282185　传真：010-62283578

E-mail：publish@bupt.edu.cn

经　　　销：各地新华书店

印　　　刷：北京联兴华印刷厂

开　　　本：787 mm×1 092 mm　1/16

印　　　张：9

字　　　数：215千字

印　　　数：1—3 000册

版　　　次：2013年1月第1版　2013年1月第1次印刷

ISBN 978-7-5635-3395-4　　　　定　价：19.80元

·如有印装质量问题，请与北京邮电大学出版社发行部联系·

前言

为了更好地培养应用型技术人才，使学生动手能力和综合素质得到提高，作者在多年的实验教学的基础上编写了本教材。

本书是根据高职高专通信类系列教材《电路与电子技术》一书编写的实验教材。电路与电子技术实验是学生进入高校以后，接触到的第一门专业基础课实验，提高对实验的兴趣是课程学习的动力，因此在实验的选取上我们以《电路与电子技术》课程的主要内容为基础，根据教材进度编写，目的是加深对理论课的理解，同时在理论的指导下分析和解决实验中遇到的问题。

在实验内容的选取上，既要紧扣相应的理论知识点，又尽可能地联系实际情况；针对不同的实验内容合理设计实验结果的表格；同时每一个实验加上预习要求，指导学生有针对性地预习相关内容。最后，设计了一些综合实训。

本书的创新之处在于引入 Multisim 2001 仿真实验，作为高校电子实验和综合电路设计等实践环节的配套软件，学生在 Multisim 环境中不仅可以精确地进行电路分析，深入理解电子电路的原理，同时还可以大胆地设计电路，不必担心损坏实验设备。仿真实验的引入不仅有助于学生对理论知识的理解，而且可以大大提高实验效率，提高学生的综合素质的培养。

本书由李莉、王贺珍、郭根芳、潘慧共同编写，李莉负责全书的编排及统稿，并编写了第1章、第3章、第5章、第6章的6.1～6.4节，潘慧编写了第2章、第4章的4.1～4.3节，王贺珍编写了第4章的4.4～4.6节及6.7节，郭根芳编写了6.5节、6.6节。

在本书的编写过程中，编者得到了石家庄邮电职业技术学院电信工程系领导、老师的关心和支持，在此表示衷心的感谢！

由于编者经验和水平有限，加之时间仓促，书中不妥及疏漏之处在所难免，敬请读者给予批评指正。

编　者

2012 年 10 月

目　录

第1章　测量及误差的基础知识

【内容简介】

本章主要介绍了测量的基本概念；误差的概念及分类；测量数据的处理，包括：有效数字及数据运算、实验数据的记录与整理；安全用电常识，其中介绍防止触电、防止引起火灾、防止短路；电器仪表的安全使用。

【重点难点】

重点掌握测量数据的处理方法、实验数据的记录与整理以及安全用电常识。

1.1　测量及误差的基本概念

电路和电子技术实验的主要目的是验证学过的定理、定律以及一些结论，即在给定电路中测量出各处的电压、电流等，然后进行分析和计算。所以在实验过程中必须要用到测量的基本知识。由于各种原因，测量过程中有可能出现误差，这就要用到误差的知识。

1.1.1　测量的基本概念

人们在研究各种事物过程中，要想深入地了解其本质属性及其规律，除了要对它作一定程度的定性分析以外，还必须从数量概念上对它作一定程度的定量的研究。所谓"测量"就是通过物理实验的方法，对被研究的对象进行定量分析与研究的过程。由于测量工作能够给人们提供准确可信的数量概念，这就使人类在认识自然和改造自然方面必然发生质的飞跃。

一个物理量的测量可以用各种不同的方法来实现，但是在一定的情况下，这些测量方法的选择则取决于被测物理量的性质、特点、测量条件和对测量准确度的要求等许多因素。因而，可以根据各种测量的性质和特点对测量加以适当的分类。

一般将测量方法分为两类：直接测量方法和间接测量方法。

直接测量方法：测量结果从测量的实测数据中直接得到。例如，用电流表测量某一条支路的电流，用欧姆表测量某一个电阻的电阻值，用电压表测量某一个元件（或某一条支路）两端的电压等。

间接测量方法：测量结果不是从测量的实测数据中直接得到，而是通过直接测量若干个与被测量有一定函数关系的物理量之后，经过数据处理或运算而得到。例如，用伏安法测量电阻器的电阻值、戴维南定理中常用的两次电压法测量有源二端网络的等效电阻等。

1.1.2 误差的概念及分类

在实际测量过程中,由于测量器具或测量仪器的准确度有限,测量方法的不完善以及其他各种因素的影响,将会使测量结果与实际物理量本身有一定的偏差,这种偏差就称为误差。

一般说来,任何测量都是存在测量误差的。无论使用的仪器多么精密、准确,采用的方法多么严密、完善,测量者多么细心、负责;外界条件控制得多么完美,都不可能得到被测量的真值。可以说,误差存在于一切测量过程之中。

1. 按误差的表示方法分类

按误差的表示方法,测量误差分为三类:绝对误差、相对误差和引用误差。

(1) 绝对误差

绝对误差是指对被测物理量经过测量所得到的结果与其真值之差。即

$$\text{绝对误差}=\text{测量值}-\text{真值}$$

或者用符号表示成:

$$\Delta x=x-x_0$$

其中:Δx 表示测量过程中的绝对误差;x 表示被测物理量的标称值、名义值或测量值;x_0 表示被测物理量的真值。所谓真值是指在规定的时间和空间条件下,被测物理量的真实大小。

但是,在现实的一切测量过程中,任何物理量的真值都是测量不到的,因为一切测量都存在误差。一般情况下人们用相对真值来近似地代替真值,所谓相对真值是指在我们所研究的领域内,用标准设备对被测物理量所测得的量值,常称之为实际值。

测量中还常用到修正值的概念,若修正值用 c 来表示,则

$$c=-\Delta x=x_0-x$$

即修正值和绝对误差相差一个负号。测量值加修正值后可以消除误差的影响,但必须注意,一般情况下难以得到真值,因为修正值本身也有误差,修正后只能得到较测量值更为准确的结果。

例如,一只标称值为 1 000 Ω 的标准电阻,用标准设备对其进行测定,测定结果的实际值为 999.9 Ω,则此标准电阻的绝对误差为

$$\Delta x=1\,000-999.9=0.1\ \Omega$$

$$c=-\Delta x=-0.1\ \Omega$$

根据不同仪器、仪表的特点,修正值常以曲线、公式或表格等不同的形式给出,在一些智能仪器仪表中,往往把修正值存入程序,在测量过程中进行自动修正。

(2) 相对误差

为了表达测量结果的准确程度,经常采用相对误差的概念。相对误差是指某一物理量的绝对误差与其真值或实际值之比值,通常都以百分比的形式来表示。即

$$\text{相对误差}=\frac{\text{绝对误差}}{\text{实际值}}\times 100\%$$

用符号表示为

$$\gamma=\frac{\Delta x}{x_0}\times 100\%$$

一般被测物理量的真值 x_0 和测量仪表的指示值 x 相差不大,当在工程上不能确定真值

时，常用测试仪表的指示值 x 近似代替真值进行计算，为此定义指示值相对误差为

$$\gamma=\frac{\Delta x}{x}\times 100\%$$

指示值相对误差在实际测量中应用比较广泛。在相对误差的计算中，一般只要求保留 1～2 位有效数字即可。相对误差可以为正值，也可以为负值。

例如，上例中标准电阻的相对误差为

$$\gamma=\frac{\Delta x}{x}\times 100\%=\frac{0.1}{1\,000}\times 100\%=0.01\%$$

对于相同的被测物理量，如用不同的仪器仪表测量同一电压值，其绝对误差可以评定测量精度的高低；但是对于不同的被测量或称不同的物理量，如测量一个电阻值和一个电压值，用绝对误差就难以评定这两个测量值测量精度的高低，而采用相对误差来评定就较为确切。

(3) 引用误差

在某些测量仪器，例如，指示仪表中，它在各点指示值的绝对误差基本上是一样的，如果用相对误差来表示其误差大小，则一块指示仪表在不同的工作点，其相对误差的差别很悬殊，为了表示这类误差的特点，提出了引用误差的概念。引用误差是相对误差的一种特殊形式，用指示值的绝对误差与测量范围上限或量程之比的百分数表示，即

$$\text{引用误差}=\frac{\text{绝对误差}}{\text{测量上限}}\times 100\%$$

用符号表示为

$$\gamma_n=\frac{\Delta x}{x_m}\times 100\%=\frac{x-x_0}{x_m}\times 100\%$$

其中：γ_n 表示引用误差；x_m 表示测量范围上限值或量程值。

由上式可知，x 越接近 x_m，其 γ_n 越小。

例如，有一块电压表，其量限为 0～300 V，经检定后知道，其在 60 V 的指示值处，绝对误差为 $\Delta U=1.5$ V，则电压表在指示值为 60 V 处的引用误差为

$$\gamma_n=\frac{\Delta U}{U_m}\times 100\%=\frac{1.5}{300}\times 100\%=0.5\%$$

2. 按误差的性质和特点分类

按照误差的性质和特点分类，误差可以分为系统误差、随机误差和粗大误差三类。

(1) 系统误差

在完全相同的条件下多次重复测量同一物理量时，如果测量结果的误差大小和符号都保持不变，或者当条件有所改变时，测量结果的误差是按某一确定规律而改变的，这类误差称为系统误差。这种误差是由于测量仪器仪表不准、环境影响、测量方法不完善以及实验者感觉器官差异等因素造成的。

由于系统误差的规律可以被人们掌握，所以在测量结果中可以用修正值消除系统误差的影响。但有些系统误差并不容易被发现，因此在实验前应该全面、详细地研究与分析系统误差。

系统误差表现形式也不同，如果在外界条件不变的时候其值恒定，不随时间而变，称做恒定系统误差。如果误差随时间按一定规律变化，称为变化的系统误差。

(2) 随机误差

随机误差又称为偶然误差。它是指在相同条件下多次测量同一物理量时，误差的绝对值和符号以不可预定方式变化着的误差。随机误差主要是由于各种互不相关的独立因素，对测量所产生综合影响造成的。这些独立因素包括空气扰动、大地微震、热起伏、空间电磁场变化、测量人员的生理条件限制，等等。所以它们对某一系列测量的影响是没有一定规律的。

单次测量的随机误差不可估计，但作为多次测量来说，随机误差在整体上也服从统计规律。因此，可以取多次测量结果的算术平均值作为最终的测量结果，这样做可以减少随机误差对测量结果的影响。

(3) 粗大误差

超出在规定条件下预期的误差界限，明显歪曲测量结果的误差，称为粗大误差。这种误差主要是由于测量操作人员的疏忽大意或错误操作造成的，有时也可能是因为测量条件发生突变所造成的。例如，采用已经失准的仪器进行测量。读数时读错数据或记错记录与算错数据等都属于造成粗大误差的原因。

含有粗大误差的测量结果应予剔除。

系统误差和随机误差虽然有本质区别，但在一定条件下可以互相转换。对某一具体误差而言，在某种条件下属于系统误差，在另一种条件下则可能是随机误差。例如，电压表的刻度误差，对于制造厂来说，在进行分度时是具有随机性质的，故可以看做是随机误差，但是，当某一块电压表被制造出来后，对于检定人员或用户来说，它的刻度指示值误差就是确定的了，因此成为系统误差。

系统误差和随机误差之间并不存在绝对的界限。随着对误差性质认识的深化和测量技术的发展，有可能把过去作为随机误差的某些误差分离出来作为系统误差处理，或把某些系统误差当做随机误差来处理。

1.2 测量数据的处理

1.2.1 有效数字及数据运算

1. 有效数字

数有正确数和近似数之分，例如，2，0.3，1/5 等均为正确数，因为它们不带有近似性或不确定性。而 π，e，$\sqrt{2}$等数虽然也是正确数，但是它们不能用有限个数表示出来，若分别用 3.141，2.713，1.414 来表示，则这些数只能是 π，e，$\sqrt{2}$的近似数。

对于任何测量过程中的测量值及其算术平均值，由于它们都有一定的误差，故都是近似数。任何近似数，如果其绝对误差界是最末位数的半个单位，那么从这个近似数左方起的第一个非零的数字，称为第一位有效数字。从第一位有效数字起到最末一位数字止的所有数字，不论是零或非零的数字，都称为有效数字。若具有 n 个有效数字，则称是 n 位有效位数。例如，取 $\pi=3.14$，第一位有效数字是 3，共有 3 位有效位数；又如 0.002 7，第一位有效数字为 2，共有 2 位有效位数；而 0.002 70，则为 3 位有效位数。

若近似数的右边带有若干个零的数字，通常把这个近似数写成 $a\times10^n$ 的形式，且 $1\leqslant a<10$。利用这种写法，可以从 a 含有几个有效数字来确定近似数的有效位数。如 2.400×10^3 表示 4 位有效位数；2.40×10^3 和 2.4×10^3，分别表示 3 位和 2 位有效位数。

2. 近似数的舍入规则

这里介绍的舍入规则与通常说的“四舍五入”规则略有区别。它是指“小于五就舍入”，而“恰好等于五时应采取偶数法则”。偶数法则的含意是将保留数的末位凑成偶数。

例如，将下列数据进行舍入化整到小数点后第一位：

12.344 化成 12.3（因为 0.044<0.050，故舍去）；

12.351 化成 12.4（因为 0.051>0.050，所以进上一位）；

12.350 化成 12.4（因为 5 前为奇数 3，所以进位成为偶数）；

12.450 化成 12.4（因为 5 前为偶数 4，所以舍去 50）。

由此可见，经过舍入法则处理后的数据，只有最末位是有欠准确的，且其舍入误差不大于末位数的半个单位。

3. 数据运算规则

在近似数运算中，为了保证最后结果有尽可能高的精度，所有参与运算的数据，在有效数字后可多保留一位数字作为参考数字，或称为安全数字。

（1）在近似数加减运算时，各运算数据以小数位数最少的数据位数为准，其余各数据可多取一位小数，但最后结果应该与小数位数最少的数据小数位相同。例如，

$$2\,643.0+987.7+4.187+0.235\,4\approx2\,643.0+987.7+4.19+0.24=3\,635.13\approx3\,635.1$$

（2）在近似数乘除运算时，各运算数据以有效位数最少的数据位数为准，其余各数据要以有效位数最少的数据位数多取一位数字，而最后结果应与有效位数最少的数据位数相同。例如，

$$15.13\times4.12=62.335\,6\approx62.3$$

（3）在近似数平方或开方运算时，平方相当于乘法运算，开方是平方的逆运算，故可按乘除运算处理。

1.2.2　实验数据的记录与整理

实验中测得的数据都包含有误差，说明它是一个近似数，其精度有一定的限度，在记录测量结果的数据位数或进行数据运算的时候，数据位数的取值多少，皆应该以测量所能达到的精度为依据。用几位数字来表示测量或数据运算的结果，就涉及有效数字的问题。

在测量结果中，最末一位有效数字取到哪一位，是由测量精度来决定的，即最末一位有效数字应该与测量精度是同一数量级的，那么实验数据也应记录到有误差的那位数字或称为存疑数为止。例如，用精度为 0.2 的电压表测电压，实验数据记录到小数点后第一位即可，如测得数据为 8.0 V，而不能记录为 8 V。又如在测量一个电压时，测量结果可能记为 6 mV，也可能记为 6.00 mV，从数值的角度看，它们似乎没有区别，但从测量的意义来看，它们有根本的不同。记为 6 mV 表示 6 以后的小数位的数是没有测出来的量，它完全可能不是“0”。而 6.00 mV 表明 6 以后的小数测量到了，而且第一位小数确实就是“0”，第二位为存疑数。由此可见，对测量结果的数字记录应该有严格的要求。在测量中判断哪些数据应该记录那些数据不应该记录，以有误差的那位数字为界。有误差的那位数字前面的各位数

字都是可靠数字，均应该记录；有误差的那位数字为存疑数，也应该记录；而有误差的那位数字后面的各位数字都是不确定的，是无意义的，都不应该记录。因此，从第一位非零数字起到那位存疑数字为止的所有各位数字都为有效数字。

用有效数字记录测量结果时应该注意以下几点：

(1) 用有效数字表示测量结果时，可以从有效数字的位数估计测量的误差。一般规定误差不超过有效数字末位单位数字的一半。例如，测量结果记为 1.000 A，小数点后第三位为末位有效数字，其单位数字为 0.001 A，单位数字的一半即 0.000 5 A，测量误差可能为正或负，所以 1.000 A 这一记法表示测量误差为 $\pm$0.000 5 A。由此可见，记录测量的结果有严格的要求，不要少记有效数字位数，少记会带来附加误差；也不要多记有效数字位数，多记则夸大了测量精度。

(2) 有关“0”是否为有效数字的问题。非零数字中间的“0”是有效数字，“0”在最左边是非有效数字，“0”在最右边应为有效数字。若测量精度达不到，不能在数字右面随意加“0”，如上例中记为 1 000 mA 或 1.000 A，说明测量误差达到 $\pm$0.000 5 A，若测量误差是 $\pm$0.005 A，那就只能记为 1.00 A。

(3) 有效数字不能因采用的单位不同而增加或减少。例如，在测量电流时：用 A 作单位，记做 1.000 A；用 mA 作单位，记做 1000 mA。二者均为四位有效数字。又如，有一个测量结果记为 1 A，它是一位有效数字，若欲用 mA 为单位，不能记为 1000 mA，因为 1000 是 4 位有效数字，这样记夸大了测量精度，这时应记为 1×10^3 mA，它仍是一位有效数字。再如，在测量电阻时，一个记录数字为 13.5×10^5 Ω，它表示三位有效数字，若用 kΩ 为单位，应该记做 13.5×10^2 kΩ，不能记做 1 350 kΩ，若用 MΩ 作单位，应记做 1.35 MΩ。总之，单位变化时，有效数字位数不应该变化。

1.3 安全用电常识

实验室是用电比较集中的地方，人员多、设备多、线路多，实验室的安全用电是一个非常重要的问题。违章用电常常可能造成人身伤亡、火灾、损坏仪器设备等严重教学事故。为了保证学生、教师和国家财产的安全，保证教学、科研工作的正常开展，在做实验时，必须严格遵守实验室安全用电制度和操作规程。

1.3.1 防止触电

(1) 不要用潮湿的手接触各种电子仪器仪表及其各种用电器，更不要用湿布擦拭所有用电器。

(2) 插拔电源插头时不要用力拉拽电线，以防止电线的绝缘层受损造成触电；电线的绝缘皮剥落，要及时更换新线或者用绝缘胶布包好。

(3) 所有仪器仪表及其各种用电器的金属外壳都应该保护接地。

(4) 在实验过程中，如果发现仪器的电源插头有松动现象或插头不能完全插入插座内，禁止带电私自修理，应该立即报告教师，由教师处理。

(5) 实验时,应该在连接好电路,经过同组人检查无误以后再接通电源。实验结束时,先切断电源再拆线。

(6) 在连接电路或更改电路时,应该先断开仪器仪表的电源,当电路连接完毕或更改完毕后,经过同组人检查无误后方可接通电源。

(7) 实验中,如果人体接触到仪器外壳,接触部位有发麻状况,说明仪器有轻微漏电现象,应立即切断仪器电源,并报告教师。

(8) 不能用试电笔去试高压电。使用高压电源应该有专门的防护措施。

(9) 如果发现有人触电要设法及时关断电源;或者用干燥的木棍等物品将触电者与带电的电器分开,不要用手去直接救人。

1.3.2　防止引起火灾

(1) 使用的保险丝要与实验室允许的用电量相符。

(2) 电线的安全通电量应该大于用电功率。

(3) 室内如果有氢气、煤气等易燃、易爆气体,应该避免产生电火花。继电器工作和开关电闸时,容易产生电火花,要特别小心。电器接触点(如电源插头)接触不良时,应该及时修理或更换。

(4) 如果遇到电线起火,应该立即切断电源,用沙子或二氧化碳、四氯化碳灭火器灭火,禁止用水或泡沫灭火器等导电液体灭火。

1.3.3　防止短路

(1) 线路中各连接点应该牢固,电路元件两端接头不要互相接触,以防短路。

(2) 电线、电器不要被水淋湿或浸在导电液体中,例如,实验室加热用的灯泡接口不要浸在水中。

1.3.4　电器仪表的安全使用

(1) 仪器仪表在使用之前,首先要了解仪表要求使用的电源是交流电,还是直流电;是三相电还是单相电,以及电压的大小(380 V,220 V,110 V 或 6 V)和频率。还必须弄清电器功率是否符合要求以及直流电器仪表的正、负极性等。

(2) 仪表量程应该大于待测量。若待测量大小不明确时,应该从最大量程开始测量,以防止电流过大,将万用表的指针打弯。在使用万用表测量电压或电流时,应该牢记:测量电压时万用表应该并接在被测电路两端,测量电流时万用表应该串入被测电路中,若连接错误,容易烧毁万用表。

(3) 实验测量之前要检查线路连接是否正确,经仔细检查无误后方可接通电源,进行实验。

(4) 实验中若出现异常现象,如焦煳味、冒烟,或元器件发烫,应该立即切断电源,将情况向教师汇报,由教师检查原因并处理。

第2章　常用仪器仪表及其使用

【内容简介】

本章介绍了实验时经常使用的仪器、仪表的功能及其使用方法。其中包括JMY-30B直流稳压电源、GFG-8016G函数信号发生器、MF-500型万用表、GVT-427B双踪交流毫伏表、YB43020B型双踪示波器等。

【重点难点】

常用仪器、仪表的功能及其使用方法。

2.1　JMY-30B直流稳压电源

在电子电路和电气设备中，通常都需要电压稳定的直流电源供电。直流电源可以分为两大类：一类是化学电源，例如，各种各样的干电池、蓄电池、充电电池等电源，其优点是体积小、重量轻、携带方便等，缺点是成本高、易污染；另一类是直流稳压电源，直流稳压电源是把交流电网220 V、50 Hz的市电，降为所需要的电压值，然后通过整流、滤波和稳压，得到稳定的直流电压。直流稳压电源的种类很多，下面以JMY-30B型晶体管直流稳压电源为例介绍其使用方法。

1. 基本结构

JMY-30B型直流稳压电源输出采用双路独立输出，双路输出均可以独立工作，互不影响。其面板图如图2-1所示。

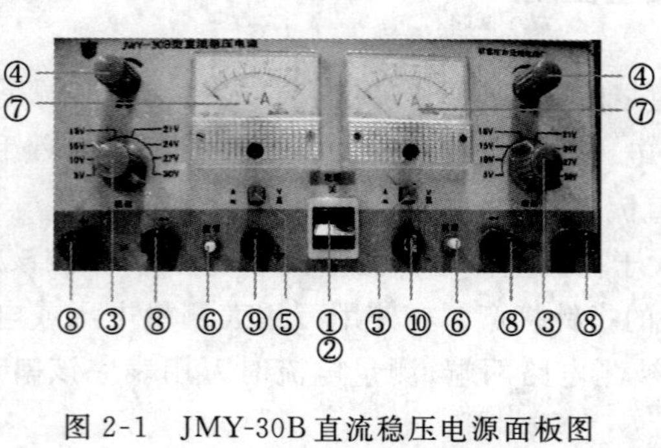

图2-1　JMY-30B直流稳压电源面板图

面板各旋钮功能如下。

① “电源”开关：控制直流稳压电源是否接入市电。

② 指示灯：指示是否接入市电。指示灯亮表明已经接入市电。

③ 电源输出控制（量程）开关：又称粗调，用来选择输出电压的范围。

④ 电压调节旋钮：又称微调或细调，用来连续调节输出电压。

⑤ “V”、“A”转换开关：控制电压表指示输出电压或电流表指示流过负载的电流。

⑥ 复位按钮：当负载电流超过额定值时，稳压电源的保护电路工作，输出立即为零，排除故障后，按下复位按钮，恢复正常输出。

⑦ 电压(电流)表：指示输出电压或流过负载的电流。面板上装有电压表(0～30 V)、电流表(0～1 A)，由 A-V 开关的切换选择显示电压或电流读数(一般准确度较低，只能作为监视仪表)。

⑧ 输出端钮：有两组。为两个独立电源输出，红接线端为电源电压的正极，黑接线端为电源电压的负极。

⑨ 接地接线柱：它与机壳相连。使用时接地，以保证安全。

⑩ 1 A 保险管，过流保护。

2. 使用方法

(1) 接通 220 V 交流电压，闭合电源开关，电源指示灯亮。

(2) 根据所需要的电压，先调解“电压粗调”旋钮，将其置于所需要的电压段，再配合调解“电压微调”得到所需要的准确电压值。

(3) JWY-30B 型直流稳压电源每一路粗调开关共有 8 个挡位，分别是：0～5 V，5～10 V，10～15 V，15～18 V，18～21 V，21～24 V，24～27 V，27～30 V。细调旋钮在粗调范围内进行调节，例如，粗调开关放在 5 V 挡，细调旋钮只能在 0～5 V 调节。再如粗调开关放在 10 V，则细调旋钮只能在 5～10 V 调节。所以，调节所需要的输出电压时，应该注意粗调开关与细调开关配合使用。

(4) 用万用表等精密仪器，准确测量输出电压值。

3. 使用注意事项

(1) 在使用稳压电源过程中，如果需要变换粗调挡，应该首先断开负载，待输出电压调到所需要数值之后，再接入负载。

(2) 在使用过程中，应该避免输出端引出导线相碰(即短路)，也不要使输出值超过稳压电源的额定值。

(3) 在使用过程中，因短路或过载引起稳压电源保护时，应该先断开负载或消除短路现象，再按“复位按钮”或者重新开启稳压电源，电压输出即可恢复正常。

(4) 标示接地符号的接线柱不能与输出负极接线柱或电路地端相连。

(5) 稳压电源面板上电压表(或电流表)只能做检测用，如果需要精确的电压数值，则需要用精度高的直流电压表测量其输出电压，并通过细调而获得。

2.2　函数信号发生器

函数信号发生器是一种多用途信号发生器。它能产生正弦波、脉冲波、方波、锯齿波、三角波等多种信号，一般这类仪器的频率范围覆盖很宽，从百分之一赫兹到几十兆赫兹的高频信号都有，而且频率和幅值都可以连续调节。

下面以 GFG-8016G 函数信号发生器为例，介绍其性能和使用方法。

1. 基本结构

GFG-8016G 函数信号发生器面板如图 2-2 所示。

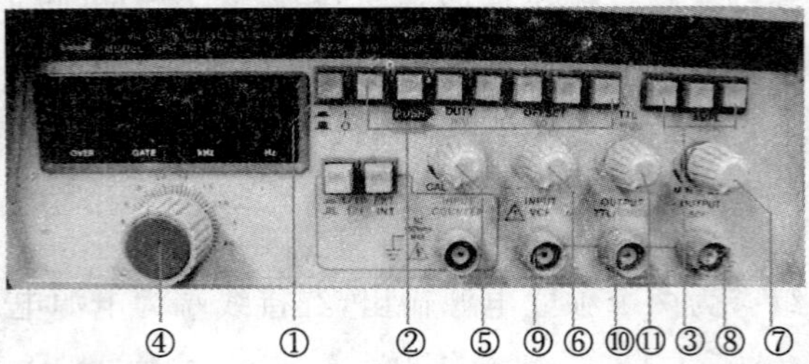

图 2-2　GFG-8016G 信号发生器面板图

面板各旋钮功能如下。

① PWR 开关：电源开关。

② RANGE 频率范围选择按钮：面板上有 7 个固定的十倍关系的频率范围选择按钮，这 7 个按钮是互锁的，按下其中一个，其他的按钮将被释放，即每一时刻只能有一个频率范围被选中。

③ FUNCTION 函数波形选择按钮：3 个互锁的按钮可以选择需要的输出波形。按下一个开关按钮，可以将先前的设定解除。可以提供的波形有方波、三角波和正弦波。

④ MULTIPLIER 频率调节（频率微调）旋钮：在各挡位的频率范围之内调节，可以得到所需要的频率。可以从刻度 0.2 校准到 2.0，而频率旋钮的动态范围是 1000∶1。

⑤ DUTY 和 INV：输出波形的周期对称性由 DUTY 旋钮控制。当此旋钮位于 CAL 位置时，输出波形的时间对称比是 50/50 或近似 100%的对称性。

⑥ OFFSET 直流偏移控制量：当 OFFSET 拉起时，可控制直流偏移量，调节输出波形的直流偏移量。特别需要注意的是，偏移量加上振幅的设定值不能超过最大峰值，否则会发生箝位现象。

⑦ 输出衰减及振幅调节旋钮：调节输出波形振幅，可连续调节输出波形到 20 dB 衰减，将此旋钮拉出，则输出再衰减 20 dB，输出最大衰减为 40 dB。

⑧ OUTPUT 输出端子：在输出端子开路时，可以输出振幅高达 $20V_{p\text{-}p}$ 的方波、三角波、正弦波、斜波及脉冲波（在不按下 ATT 键时）。

⑨ VCF INPUT 电压控制频率输入端子：VCF 输入端子可由外部输入扫描信号。在 VCF 输入端输入约＋10 V 的电压，可使函数发生器的频率向下降至 1000∶1；在 VCF 输入端输入一个负电压，可使函数发生器的频率向上增加。

⑩ PULSE OUTPUT 脉冲输出：TTL 或 CMOS 输出信号用于驱动 TTL 或 CMOS 逻辑电路。

⑪ 脉冲输出开关：按下选择开关，可以得到 TTL 信号和 CMOS 信号输出，按下选择开关输出为 TTL 信号，拉起选择开关输出为 CMOS 信号。将 CMOS 电位控制旋钮拉出，可以提供 5～15 V 的连续可变的 CMOS 信号输出。

2. 使用方法

(1) 按下“电源”开关按钮，使仪器接入电源，电源指示灯亮。

(2) 按下“波形选择按钮”选择所需要的波形。

(3) 按下“频率范围按钮”选择所需要的信号频率范围，然后用“频率微调旋钮”进行频率调节，得到所需要的频率。

(4) 当需要小信号输出时，选择“输出衰减”按钮。

(5) 调节“振幅调节旋钮”使信号达到需要的输出幅度。

3. 使用注意事项

(1) 函数信号发生器的输出线，使用黑、红两个夹子的信号线，黑夹子和红夹子严禁短接(信号源输出不可短路，否则会烧坏仪器)。

(2) 函数信号发生器的输出信号线的“地”端(黑夹子)应该和电路的“地”端连接(公共接地)。

(3) 输出大信号时，如输出 0.1 V，直接调节“振幅调节旋钮”，不需要衰减，应该用交流毫伏表测量为 0.1 V。

(4) 输出微弱信号时，如 5 mV，必须先调节衰减按钮(分为 20 dB 和 40 dB，单按下20 dB 衰减 10 倍，单按下 40 dB 衰减 100 倍，同时按下 20 dB 和 40 dB 衰减 1000 倍)，再调节“振幅调节旋钮”，由交流毫伏表测量为 5 mV。

(5) 频率调节方法，先选择频率范围，再进行频率微调。

2.3　万用表

“万用表”是万用电表的简称，又称多用表、三用表、复用表，是电工测量中最基本的工具。万用表是一种多功能、多量程的测量仪表，通常用来测量直流电流、直流电压、交流电压、电阻和音频电平等。

常见的万用表有机械指针式(又称磁电式)和数字式两种。下面以 MF-500 型(机械指针式)为例介绍其性能和使用方法。

1. 基本结构

机械指针式万用表由表头(又称表盘)、测量电路及转换开关等三个主要部分组成。MF-500 型万用表的面板图如图 2-3 所示。图中①为表头(又称表盘)，②为转换开关，③为测量电路输入端插孔，④和⑤分别为机械调零旋钮和电阻调零旋钮。旋钮名称及功能详述如下：

(1) 表头。它是一只高灵敏度的磁电式直流电流表，万用表的主要性能指标基本上取决于表头的性能。表头的灵敏度是指表头指针满刻度偏转时，流过表头的直流电流值，这个值越小，表头的灵敏度越高。测电压时的内阻越大，其性能就越好。表头上有四条刻度线，它们的功能如下：

- 第一条(从上到下)：右端标有“Ω”的是电阻刻度线，其刻度值分布是不均匀的，指示的是电阻值，转换开关在欧姆挡时，即读此条刻度线。
- 第二条：标有符号“－”或“DC”表示直流，“～”或“AC”表示交流，“≃”表示交流和直流共用的刻度线。当转换开关在交、直流电压或直流电流挡时，量程在除交流 10 V 以外的其他位置时，即读此条刻度线。

- 第三条：标有 10 V，指示的是 10 V 的交流电压值，当转换开关在交、直流电压挡，量程在交流 10 V 时，即读此条刻度线。
- 第四条：标有 dB，指示的是音频电平的刻度线。

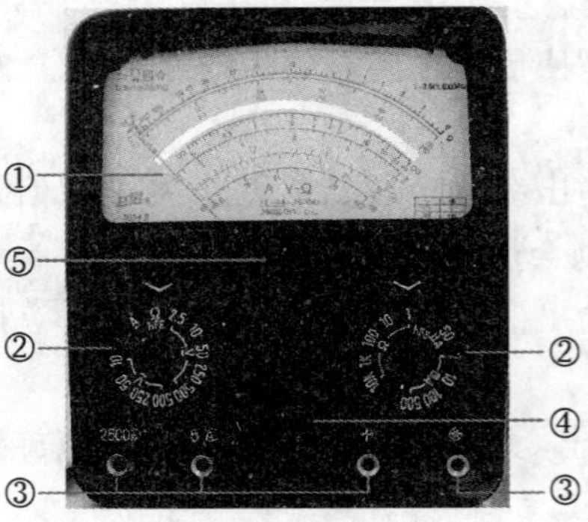

图 2-3　MF-500 型万用表的面板图

(2) 转换开关。MF-500 型万用表的选择开关是两个多挡位的旋转开关，用来选择测量项目和量程(如图 2-3 所示)。项目包括如下。

- "mA"：用于测量直流电流；
- "V"：用于测量直流电压；
- "$\underset{\sim}{\mathrm{V}}$"：用于测量交流电压；
- "Ω"：用于测量电阻。

每个测量项目又划分为几个不同的量程以供选择。万用表的测量范围如下：

- 直流电压：分为 5 挡。0～2.5 V；0～10 V；0～50 V；0～250 V；0～500 V。
- 交流电压：分为 4 挡。0～10 V；0～50 V；0～250 V；0～500 V。
- 直流电流：分为 5 挡。0～50 μA；0～1 mA；0～10 mA；0～100 mA；0～500 mA。
- 电阻：分为 5 挡。$R\times1$；$R\times10$；$R\times100$；$R\times1$ k；$R\times10$ k。

(3) 表笔和表笔插孔。表笔分为红、黑二只。使用时应将红色表笔插入标有"+"号的插孔，黑色表笔插入标有"−"号的插孔。MF-500 型万用表还有两个插孔，分别是音频插孔和2 500 V 插孔。

(4) 调零旋钮。调零旋钮有两个：一个是机械调零旋钮，用来保持指针在静止处在左零位；另一个是"Ω"调零旋钮，在测量电阻时使用，使指针对准右零位，以保证测量数值准确。

2. 使用方法

(1) 将万用表平放，指针应该归于左侧零位，否则进行机械调零。

(2) 根据被测量的种类及大小，选择转换开关的挡位及合适的量程，找出对应的刻度线。

(3) 选择表笔插孔的位置。

(4) 测量电压：测量电压(或电流)时要选择好量程，如果用小量程去测量大电压，则会有烧坏表的危险；如果用大量程去测量小电压，那么指针偏转太小，无法读数(或读数不准)。量程的选择应该尽量使指针偏转到满刻度的 2/3 左右。如果事先不清楚被测电压的大小时，应该先选择最高量程挡，然后逐渐减小到合适的量程。

① 交流电压的测量：将万用表的一个转换开关置于交、直流电压挡，另一个转换开关置于交流电压的合适量程上，将万用表的两个表笔与被测电路（或负载）并联即可。10 V 及 10 V 以上各量程的指示值见第二条刻度线，10 V 量程见第三条刻度线。

② 直流电压的测量：将万用表的一个转换开关置于交、直流电压挡，另一个转换开关置于直流电压的合适量程上，且“+”表笔（红表笔）接到高电位处，“−”表笔（黑表笔）接到低电位处，即让电流从“+”表笔流入，从“−”表笔流出。如果表笔接反，表头指针会反方向偏转，必须将红黑表笔互换，读数见第二条刻度线。

$$实际值=\frac{指示值}{满偏}\times 量程$$

（5）测电流：测量直流电流时，将万用表的一个转换开关置于直流电流挡，另一个转换开关置于 50 μA 到 500 mA 的合适量程上，电流的量程选择和读数方法与电压一样。但是测量电流时必须先断开电路，然后按照电流从“+”到“−”的方向，将万用表串联到被测电路中，即电流从红表笔流入，从黑表笔流出。如果误将万用表与负载并联，则因表头的内阻很小，会造成短路烧毁仪表。其读数方法与电压的读数方法相同。

（6）测电阻：用万用表测量电阻时，应该按下列步骤操作。

① 选择合适的倍率挡。万用表欧姆挡的刻度线是不均匀的，所以倍率挡的选择应该使指针停留在刻度线较稀的地方为宜，而且指针越接近刻度线的中间，读数越准确。一般情况下，应使指针指在刻度线的 1/3～2/3 之间。

② 欧姆调零。测量电阻之前，应该将两个表笔短接，同时调节“欧姆（电气）调零旋钮”，使指针刚好指在欧姆刻度线右边的零位。如果指针不能调到零位，说明电池电压不足或仪表内部有问题。并且每换一次倍率挡，都要再次进行欧姆调零，以保证测量准确。

③ 读数。将两根表笔分别接触被测电阻（或电路）两端，读出指针在欧姆刻度线（第一条线）上的读数，再乘以倍率，就是所测电阻的阻值。例如，用 $R\times 100$ 挡测量电阻，指针指在 50，则所测得的电阻值为 $50\times 100=5$ kΩ。

（7）音频电平测量：测量方法与测量交流电压相似，将红、黑表笔分别插在“dB”和“−”两个插孔中，将万用表的一个转换开关置于交、直流电压挡，另一个转换开关置于交流电压的合适量程上，音频电平刻度根据 0 dB=1 mW，600 Ω 输送标准设计。表盘刻度从 −10～+22 dB。

3. 使用万用表的注意事项

万用表属于较精密的测量仪器。为保护仪表并在测量中得到最精确的测量值，在使用时应注意如下事项：

（1）测量电流、电压时，不能带电改变量程。

（2）选择量程时，应该本着“先大后小”的原则，即先选择大量程，后选小量程进行测量，并尽量使被测值接近量程，选用的量程靠近被测值越近，测量的数值就越精确。

（3）注意测量电流与电压切勿转错挡位。如果误用电阻挡或电流挡去测电压，就极有可能烧毁仪表。

（4）测电阻时，不要带电测量。因为测量电阻时，万用表由内部电池供电，如果带电测量就相当于接入一个额外的电源，有可能损坏表头，测得的数值也不准确。

(5) 如果在被测电路中有电容器，需要先将其放电才能测量。

(6) 在电阻挡将两支表笔短接，调“零欧姆”旋钮至最大，表头指针如果仍然达不到“零”点，通常是因为表内电池电压不足，这时应该及时更换新电池。

(7) 测量电压或电流时，要用表笔试探所要测的端点。不要将表笔固定在线路中，使仪器受到意外损害。

(8) 万用表使用完毕，应使转换开关在交流电压最大挡位或空挡上；不能将转换开关旋在电阻挡，因为如不小心易使两根表笔相碰短路，不仅会耗费表内电池，严重时甚至会损坏表头。在 MF-500 万用表中，最佳的方法是将两个开关旋钮旋在“·”的位置上，使仪表内部电路成开路状态。

2.4 GVT-427B 双踪交流毫伏表

测量交流电压，人们自然会想到用万用表。可是有许多交流电用普通万用表却难以胜任电压测量，因为交流电的频率范围很宽，高到数千 MHz 的高频信号，低到几 Hz 的低频信号。而万用表是以测量 50 Hz 交流电的频率为标准进行设计生产的。其次，万用表的灵敏度不够高，有些交流电的幅度很小，甚至可以小到毫微伏，再高灵敏度的万用表也无法测量，另外，交流电的波形种类多，除了正弦波以外，还有方波、锯齿波、三角波等，因此上述这些交流电压必须用专门的电子电压表来测量。例如，ZN2270 型超高频毫伏表、DW3 型甚高频微伏表、DA-16 型晶体管毫伏表、GVT-427B 双踪交流毫伏表等。下面以 GVT-427B 双踪交流毫伏表为例来说明毫伏表的使用方法。

GVT-427B 双踪交流毫伏表由表头、刻度面板和量程转换开关等组成，和其他万用表不同的是它的输入端，用的是同轴屏蔽电缆，电缆的外层是接地线，其目的是为了减小外来感应电压的影响，电缆端接有两个夹子，用来作为输入接线端。毫伏表的背面连着 220 V 的市电的工作电源线。

GVT-427B 双踪交流毫伏表的面板图如图 2-4 所示。图中①为表头；②为调零；③为量程转换开关；④为输入接口；⑤为模式开关；⑥为电源开关；⑦为指示灯。

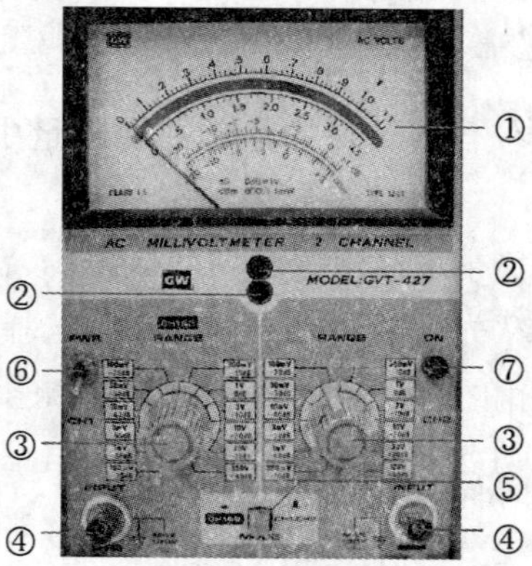

图 2-4　GVT-427B 双踪交流毫伏表面板图

2.4.1　前面板说明

1. 表头

表头用于指示测量值。有 0～1.1 和 0～3.5 两行均匀标尺刻度，用于指示交流电压有效值。当“转换开关”放置在 1 mV，10 mV，100 mV，1 V，10 V，100 V 等挡位时，观察 0～1.1 的刻度线；当“转换开关”放置在 300 μV，3 mV，30 mV，300 mV，3 V，30 V 等挡位时，观察 0～3.5刻度线。例如，量程开关指在 100 mV 挡位时，用第一条刻度读数，满刻度 1.0 读做 0.1 V，其余刻度均按比例缩小，若指针指在刻度 3 处，即读做 0.03 V。再例如，量程开关指在 30 V 挡位，用第二条刻度读数，满刻度 3.0 读做 30 V，其余刻度也均按比例缩小。通过例子可以得出结论：交流毫伏表表头刻度分为 0～1 和 0～3 两种刻度，量程旋钮切换量程分为“逢一量程”（1 mV，10 mV，0.1 V，…）和“逢三量程”（3 mV，30 mV，0.3 V，…），凡逢一的量程直接在 0～1.1 刻度线上读取数据，凡逢三的量程直接在 0～3.5 刻度线上读取数据，单位为该量程的单位，无须换算。毫伏表的第三条刻度线用来表示测量电平的分贝值，它的读数与上述电压读数不同。

2. 调零

调零指示器（表的指针）为机械调零。黑色标志的螺丝调节 CH1 的指示器，红色标志的螺丝调节 CH2 的指示器。

3. 量程转换开关

每一个量程转换开关的电压范围分为 12 个挡位：300 μV，1 mV，3 mV，10 mV，30 mV，100 mV，300 mV，1 V，3 V，10 V，30 V，100 V。分贝范围 12 个挡位－70 dB～＋40 dB 相邻两挡相差 10 dB。当“转换开关”放至某一个挡位时，表头最大示值为该挡的量程。例如，“转换开关”放置 10 V 挡，表头指示最大有效示值为 10 V。

4. 输入接口

输入接口用于测量信号的接口。

5. 模式开关

如果此按钮设为弹起状态时，CH1 和 CH2 的挡位选择开关可选择它们各自的挡位范围。如果此按钮被按下，CH1 的挡位选择器可同时选择 CH1 和 CH2 的电压范围，CH2 挡位选择开关无效。

2.4.2　后面板说明

1. 接“地”选择开关

如果开关置于向上的位置，CH1 和 CH2 输入端相互独立，它们通过一个 100 kΩ 的阻抗，再通过外壳接地。如果开关处于向下的位置，CH1 和 CH2 直接通过外壳接地。

2. 输出接口

当此仪表用做前置放大器，此接口输出信号。

2.4.3 使用方法

(1) 毫伏表使用时应该垂直放置,因为测量精度以表面垂直放置为最准。

(2) 在未接通电源的情况下,检查指针是否指在零位,如果不是,调节机械调零螺丝。方法是用螺丝刀调节表头上的机械调零位螺丝,使表针指准零位。

(3) 将挡位选择开关设置在最大量程挡,接通 220 V 交流电压,闭合电源开关,电源指示灯亮。

(4) 将测试线(黑、红夹子线)连接到输入端口,开始测量。

(5) 根据被测电压的大约值(可以在预习时计算出理论值),扭动旋钮,选择适当的量程。如果不知道被测电压的数值,应该将量程转换开关旋到最大挡位,测量电压时,再根据读数逐渐降低量程,直到适当的量程为止。(测量的读数刻度一般使表针偏转至满刻度的为佳。)

(6) 测量完毕,量程转换开关应该放置在最大挡位,准备下次使用。

2.4.4 使用注意事项

(1) 交流毫伏表灵敏度较高,打开电源以后,在较低量程时由于干扰信号(感应信号)的作用,指针会发生偏转,称为自起现象。所以在不测量信号时,应该将量程旋钮旋到最高量程挡,以防止打弯指针。

(2) 交流毫伏表接入被测电路时,其"地"端(黑夹子)应该始终接在电路的"地"上(称为公共接地),以防干扰。

(3) 使用前应该先检查量程旋钮与量程标记是否一致,若错位会产生读数错误。

(4) 交流毫伏表只能用来测量正弦交流信号电压的有效值。

(5) 在测量过程中接线时,应该先接上"地"线夹子,再接另一个夹子。测量完毕拆线时要相反,即先拆另一个夹子,再拆"地"线夹子。这样可以避免当人手触及不接地的另一夹子时,交流电通过仪表与人体构成回路,形成数十伏的感应电压,打坏表针。

(6) 使用时间较长以后,应该多次检查零点是否正确,以免带来附加误差。

2.5 YB43020B 型示波器双踪示波器

示波器是一种用途十分广泛的电子测量仪器。它能把肉眼看不见的电信号变换成看得见的图像,便于人们研究各种电现象的变化过程。示波器利用狭窄的、由高速电子组成的电子束,打在涂有荧光物质的屏面上,就可产生细小的光点。在被测信号的作用下,电子束可以在屏面上描绘出被测信号的瞬时值的变化曲线。利用示波器能观察各种不同信号幅度随时间变化的波形曲线,还可以用它测试各种不同的电量,如电压、电流、频率、相位差、调幅度,等等。

2.5.1　面板说明

下面以 YB43020B 型为例介绍示波器的面板上开关、旋钮的作用以及使用方法。YB43020B 型示波器前面板由控制面板和显示屏组成。控制面板分为垂直系统(Y 轴信号通道)、水平系统(X 轴信号通道)、输入端口和电源等组成。YB43020B 型示波器前面板如图 2-5 所示。

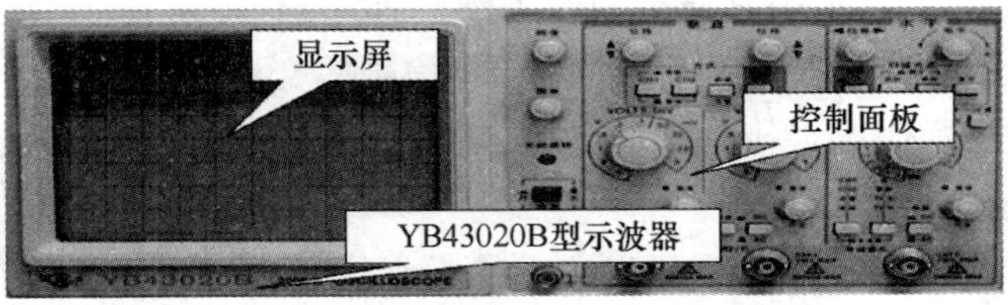

图 2-5　YB43020B 型示波器前面板

1. 示波器的垂直系统(Y 轴信号通道)

示波器的垂直系统如图 2-6 所示，图中①为垂直位移，②为垂直方式，③为通道灵敏度选择开关，④为微调，⑤为耦合方式。

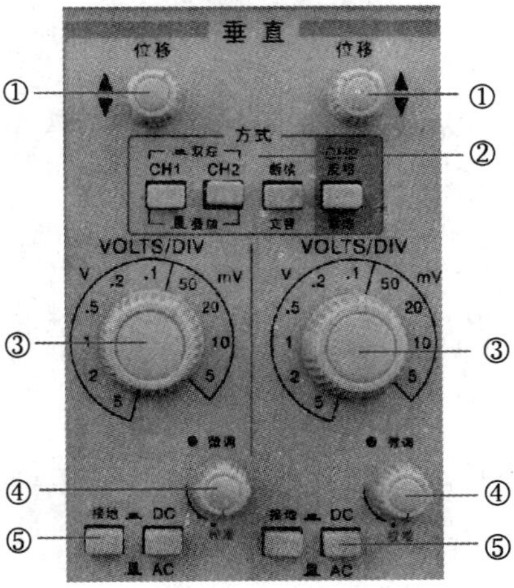

图 2-6　示波器垂直系统

详细说明如下。

(1) 垂直位移(POSITION)：用以调节光迹在 CH1 垂直方向的位置。

(2) 垂直方式(MODE)：选择垂直系统的工作方式。

- CH1：只显示 CH1 通道的信号。
- CH2：只显示 CH2 通道的信号。
- 交替：用于同时观察两路信号，此时两路信号交替显示，该方式适合于在扫描速率较快时使用。
- 断续：两路信号断续工作，适合于在扫描速率较慢时同时观察两路信号。
- 叠加：用于显示两路信号相加的结果，当 CH2 极性开关被按入时，则两信号相减。

• CH2 反相：此按键未按入时，CH2 的信号为常态显示，按入此键时，CH2 的信号被反相。

(3) 通道灵敏度选择开关(VOLTS/DIV)：选择垂直轴的偏转系数，从 5 mV/div～5 V/div 分 10 个挡级调整，可根据被测信号的电压幅度选择合适的挡级。

(4) 微调(VARIABLE)：用以连续调节垂直轴的 CH1 偏转系数，调节范围大于等于 2.5 倍，该旋钮逆时针旋足时为校准位置，此时可根据"VOLTS/DIV"开关度盘位置和屏幕显示幅度读取该信号的电压值。

(5) 耦合方式(AC/DC)：垂直通道的输入耦合方式选择。

• AC：信号中的直流分量被隔开，用以观察信号的交流成分。
• DC：信号与仪器通道直接耦合，当需要观察信号的直流分量或被测信号的频率较低时应选用此方式。
• GND 输入端处于接地状态，用以确定输入端为零电位时光迹所在位置。

2. 示波器的水平系统

示波器的水平系统如图 2-7 所示，图中①为水平位移，②为电平，③为极性，④为扫描方式，⑤为扩展，⑥为扫描速率选择开关，⑦为微调，⑧为外触发信号的耦合方式，⑨为触发源。

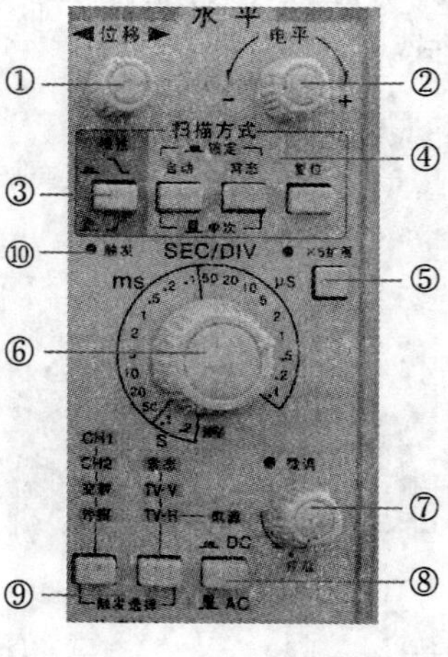

图 2-7　示波器水平系统

详细说明如下。

(1) 水平位移(POSITION)：用以调节光迹在水平方向的位置。

(2) 电平(LEVEL)：用以调节被测信号在变化至某一电平时触发扫描。

(3) 极性(SLOPE)：用以选择被测信号在上升沿或下降沿触发扫描。

(4) 扫描方式(SWEEP MODE)：选择产生扫描的方式。

• 自动(AUTO)：当无触发信号输入时，屏幕上显示扫描光迹，一旦有触发信号输入，电路自动转换为触发扫描状态，调节电平可使波形稳定地显示在屏幕上，此方式适合观察频率在 50 Hz 以上的信号。
• 常态(NORM)：无信号输入时，屏幕上无光迹显示，有信号输入时，且触发电平旋钮在合适位置上，电路被触发扫描，当被测信号频率低于 50 Hz 时，必须选择该方式。
• 锁定：仪器工作在锁定状态后，无须调节电平即可使波形稳定地显示在屏幕上。

- 单次：用于产生单次扫描，进入单次状态后，按动复位键，电路工作在单次扫描方式，扫描电路处于等待状态，当触发信号输入时，扫描只产生一次，下次扫描需再次按动复位按键。

(5) ×5 扩展：按入后扫描速度扩展 5 倍。旁边扫描扩展指示灯，在按入“×5 扩展”或“交替扩展”后指示灯亮。

(6) 扫描速率选择开关(SEC/DIV)：根据被测信号的频率高低，选择合适的挡级。当扫描“微调”置校准位置时，可根据度盘的位置和波形在水平轴的距离读出被测信号的时间参数。

(7) 微调：用于连续调节扫描速率，调节范围大于等于 2.5 倍。逆时针旋足为校准位置。

(8) AC/DC：外触发信号的耦合方式，当选择外触发源，且信号频率很低时，应将开关置于 DC 位置。

(9) 触发源(TRIGGER SOURCE)：用于选择不同的触发源。

① 第一组。CH1：在双踪显示时，触发信号来自 CH1 通道，单踪显示时，触发信号则来自被显示的通道。CH2：在双踪显示时，触发信号来自 CH2 通道，单踪显示时，触发信号则来自被显示的通道。交替：在双踪交替显示时，触发信号交替来自于两个 Y 通道，此方式用于同时观察两路不相关的信号。外接：触发信号来自于外接输入端口。

② 第二组。常态：用于一般常规信号的测量。TV-V：用于观察电视场信号。TV-H：用于观察电视行信号。电源：用于与市电信号同步。

(10) 触发指示：该指示灯具有两种功能指示，当仪器工作在非单次扫描方式时，该灯亮表示扫描电路工作在被触发状态，当仪器工作在单次扫描方式时，该灯亮表示扫描电路在准备状态，此时若有信号输入将产生一次扫描，指示灯随之熄灭。

3. 示波器输入和电源

如图 2-8 所示为电源控制系统，图中①为辉度，②为聚焦，③为光迹旋转，④为电源开关，⑤为探极校准信号，⑥为机壳接地端。如图 2-9 所示为输入端子系统，图中⑦为通道 1 输入插座，⑧为通道 2 输入插座，⑨为外触发输入插座。

详细说明如下。

(1) 辉度(INTENSITY)：光迹亮度调节，顺时针旋转光迹增亮。

(2) 聚焦(FOCUS)：用以调节示波管电子束的焦点，使显示的光点成为细而清晰的圆点。

(3) 光迹旋转(TRACE ROTATION)：调节光迹与水平线平行。

(4) 电源开关(POWER)：按入此开关，仪器电源接通，指示灯亮。

(5) 探极校准信号(PROBE ADJUST)：此端口输出幅度为 0.5 V，频率为 1 kHz 的方波信号，用以校准 Y 轴偏转系数和扫描时间系数。

(6) 机壳接地端。

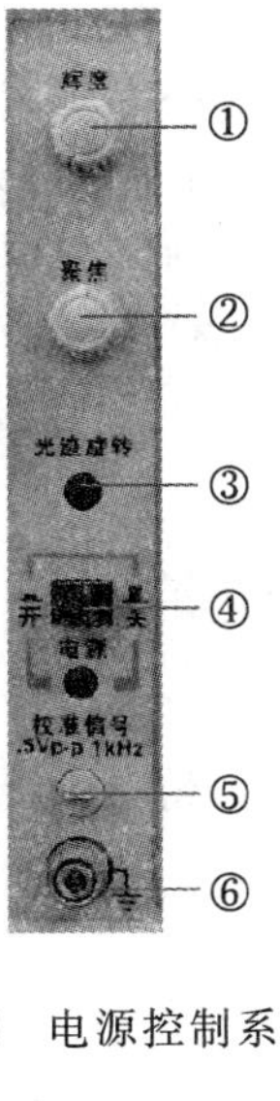

图 2-8　电源控制系统

(7) 通道 1 输入端子 CH1(X)：双功能端口，在常规使用时，此端口作为垂直通道 1 的输入口，当仪器工作在 X-Y 方式时此端口作为水平轴信号输入口。

(8) 通道 2 输入端子：垂直通道 2 的输入端口，在 X-Y 方式时，作为 Y 轴输入口。

(9) 外触发输入端子。当选择外触发方式时，触发信号由此端输入。

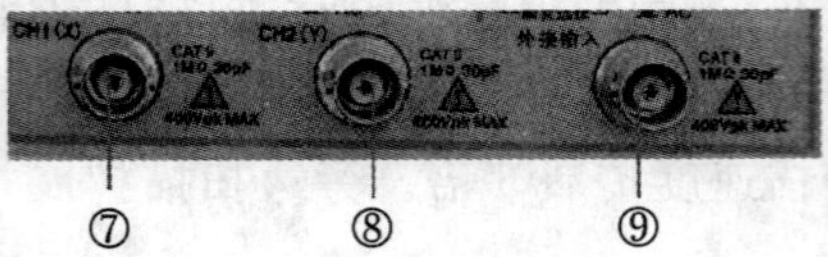

图 2-9 输入端子

2.5.2 使用方法

1. 使用前的检查和校准

(1) 在接通电源前将面板上各开关、旋钮旋至如表 2-1 所示的位置。

表 2-1 开关旋钮位置

开关名称	旋钮位置
电源	断开位置
亮度	居中
输入耦合	DC
扫描方式	自动
位移(三只)	居中
SEC/DIV	0.5 ms
垂直方式	CH1
触发源	CH1
VOLTS/DIV	0.1 V
微调	逆时针旋足，指示灯灭
耦合方式	AC 常态

(2) 打开电源开关，开关上方的电源指示灯亮。约 10 s 后，示波管屏幕上出现一条扫描线，如果 60 s 后扫描线仍没有出现，则按照表 2-1 检查开关、控制旋钮的位置是否正确，如果有误按照表 2-1 重新设置。

(3) 调节辉度、聚焦、辅助聚焦旋钮，亮度适中，光迹清晰。

(4) 连接探极到 Y1 输入端，将 0.5V_{p-p} 校准信号加到探头上，出现校准信号波形，如图 2-10 所示。

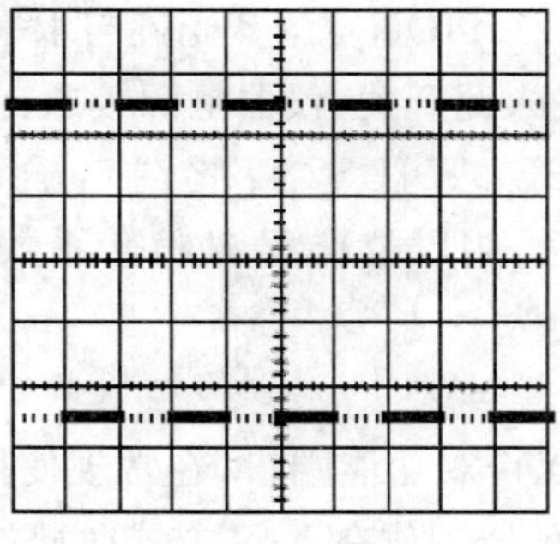

图 2-10 校准信号

(5) 将 AC/DC 开关置"AC"位置。在示波管屏幕上会出现一个方波。

(6) 调解"聚焦"旋钮,使波形达到最清晰的程度。

(7) 为便于观察信号,调节"V/cm"和"t/cm"开关到适当的位置,使显示出来的波形幅度适中,周期适中。

(8) 调节"↕"位移和"↔"位移控制旋钮于适当位置,使显示波形对准刻度,以便于读出电压值(V_{p-p})和周期(T)。

2. 交流电压测量

(1) 在测量时一般把"VOCIS/DIV"开关的微调装置以逆时针方向旋至满度的校准位置,这样可以按"VOLTS/DIV"的指示值直接计算被测信号的电压幅值。

由于被测信号一般都含有交流和直流两种成分,因此在测试时应注意。

(2) 当只需测量被测信号的交流成分时,应将 Y 轴输入耦合方式开关置"AC"位置,调节"VOLTS/DIV"开关,使波形在屏幕中的显示幅度适中,调节"电平"旋钮使波形稳定,分别调节 Y 轴和 X 轴位移,使波形显示值方便读取,如图 2-11 所示。

(3) 利用公式读取数值:

$$V_{p-p}=N_Y S_Y \tag{2-1}$$

其中:N_Y 为信号显示的波形在 Y 轴垂直所占格数;S_Y 为垂直偏转数挡位(VOLTS/DIV)。

图 2-11 中的 VOLTS/DIV 为 2V/DIV,A 点到 B 点的格数 4.6,则 $V_{p-p}=4.6\times 2=9.2$ V。

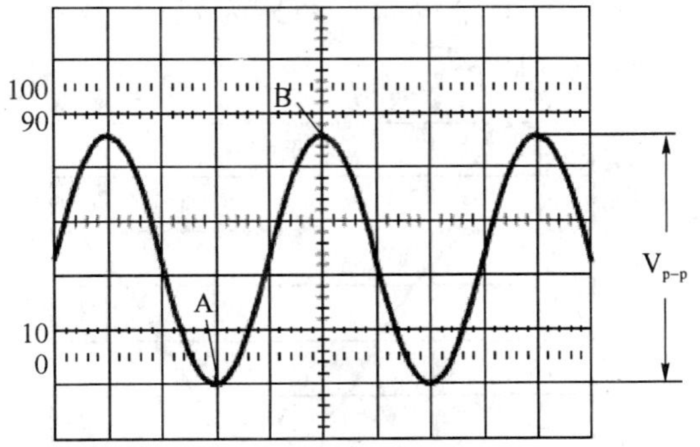

图 2-11　交流电压测量

3. 直流电压测量

当需测量被测信号的直流或含直流成分的电压时,应先将 Y 轴耦合方式开关置"GND",触发方式置于"自动"的自激工作状态,使屏幕上出现一条扫描基线,调"↕"移位控制旋钮,使光迹向下移到某一个特定基准位置,定为 0 V 位置,调节 Y 轴移位使扫描基线在一个合适的位置上,再将耦合方式开关转换到"DC"位,并将信号用测量探头直接接入仪器的 CH1 输入插座,然后调节触发"电平"使信号波形稳定,如图 2-12 所示。根据波形偏移原扫描基线的垂直距离,读取该信号的各个电压值。

图 2-12 中的 VOLTS/DIV 为 0.5 V/DIV ,图形占 Y 轴格数为 3.7,则 $V_{p-p}=3.7\times 0.5=1.85$ V。

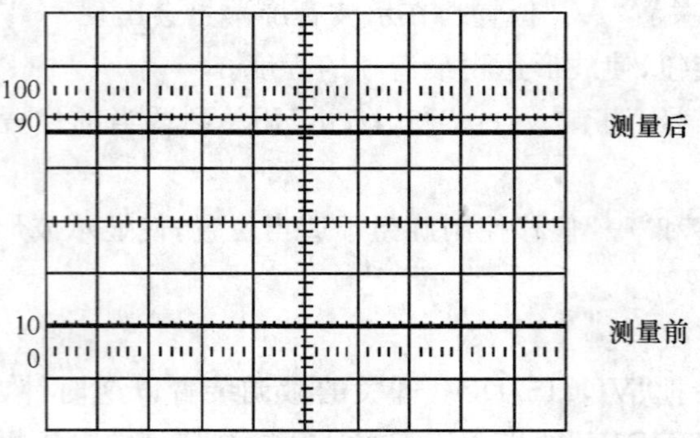

图 2-12　直流电压测量

4. 周期测量

(1) 对扫速 SEC/DIV 进行校准，即可对被测信号波形上任意两点的时间间隔参数进行定量的测量。

(2) 适当调节 SEC/DIV 挡位，使被测信号波形两点距离，在屏幕的有效工作面积内达到最大限度，以提高测量精度。

(3) 根据在 X 轴线上波形一个周期的格数，利用公式计算被测信号的周期。

$$T = N_X S_X \tag{2-2}$$

其中：N_X 为一个周期在 X 轴所占格数；S_X 为时基选择(SEC/DIV)的挡位；T 为周期。

图 2-13 波形上升沿的 A 点至 B 点的水平距离为 8 格，是一个完整周期。扫速时间置 1 μs/格，根据公式计算出 18×1=18 μs。

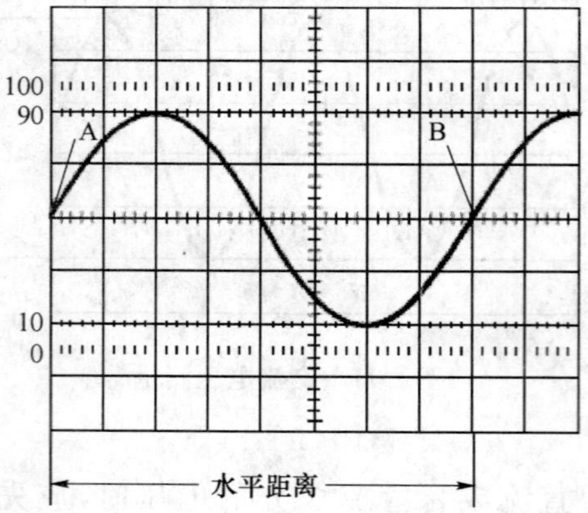

图 2-13　周期测量

5. 频率测量

对于重复信号频率的测量，可以按照上述时间测量方法先测出信号的周期，然后用频率与周期关系，计算出频率值。

特别需要说明的是，测试信号时，首先要将示波器的“地”与被测电路的“地”连接在一起。根据输入通道的选择，将示波器探头插到相应通道插座上，示波器探头上的“地”与被测电路的“地”连接在一起，示波器探头接触被测点。在示波器探头上有一个双位开关。此开关拨到“×1”位置时，被测信号无衰减送到示波器，从荧光屏上读出的电压值是信号的实际电压值。此开关拨到"×10"位置时，被测信号衰减为 1/10，然后送到示波器，从荧光屏上读出的电压值乘以 10 才是信号的实际电压值。

2.5.3 使用注意事项

示波器的正确调整和操作对于提高测量精度和延长仪器的使用寿命十分重要。

(1) 调整聚焦旋钮使扫描线尽可能细，以提高测量精度。扫描线亮度(辉度)应适当，过亮不仅会降低示波器的使用寿命，而且也会影响聚焦特性。

(2) 不要使光点停留在一点不动，否则电子束轰击一点，很可能在荧光屏上形成暗斑，损坏荧光屏。

(3) 正确选择触发源和触发方式。

触发源的选择：如果观测的是单通道信号，就应选择该通道信号作为触发源；如果同时观测两个时间相关的信号，则应选择信号周期长的通道作为触发源。

触发方式的选择：首次观测被测信号时，触发方式应设置于"AUTO"自动位置，待观测到稳定信号后，调好其他设置，最后将触发方式开关置于"NORM"常态，以提高触发的灵敏度。当观测直流信号或小信号时，必须采用"AUTO"触发方式。

(4) 正确选择输入耦合方式。根据被观测信号的性质来选择正确的输入耦合方式。一般情况下，被观测的信号为直流或脉冲信号时，应选择"DC"耦合方式；被观测的信号为交流时，应选择"AC"耦合方式。

(5) 触发电平调整。调整触发电平旋钮可以改变扫描电路预置的阀门电平。向"＋"方向旋转时，阀门电平向正方向移动；向"－"方向旋转时，阀门电平向负方向移动；处在中间位置时，阀门电平设定在信号的平均值上。触发电平过正或过负，均不会产生扫描信号。因此，触发电平旋钮通常应保持在中间位置。

(6) 示波器显示波形一般应该调到两到三个周期，波形读数为峰峰值。

(7) 读取电压幅值时，应该检查 V/DIV 开关上的微调旋钮是否顺时针旋转到底(校准位置)，否则读数是错误的。测试时，应该调节示波器，使被测波形稳定地显示在荧光屏中央，一般要求被测部分在 Y 轴方向占 4～6 个大格，以减少测试误差。

(8) 测量时间参数时，必须把扫描微调开关置于校准位置。测试时，应该调节示波器，使被测波形稳定地显示在荧光屏中央，一般要求被测部分在荧光屏 X 轴方向占 4～6 个大格，以减少测试误差。

(9) 使用示波器测量时，读数之前应该首先检查探头是否在×10 的位置(一般放在×1 位置)，若放在×10 位置，读数应该×10 才是正确值。

(10) 探头检查：探头分别接入两 Y 轴输入接口，将探头灵敏度选择开关调至"×10"，探头信号输入衰减 10 倍。

第3章　Multisim 2001 简介

【内容简介】

Multisim 2001 是一种电子电路计算机仿真设计软件，它被称为电子设计工作平台或虚拟电子实验室。该软件是 Electronics Workbench 公司推出的以 Windows 为基础的电路仿真工具，适用于电路分析基础、模拟电路、数字电路的设计及仿真。该软件用户界面友好，可以使电路设计者方便、快捷地使用虚拟元件和仪器、仪表进行电路设计和仿真。作为高校电路实验和综合电路设计等实践环节的配套软件，学生在 Multisim 环境中不仅可以精确地进行电路分析，深入理解电子电路的原理，同时还可以大胆地设计电路，不必担心损坏实验设备。

【重点难点】

重点掌握运用 Multisim 2001 软件进行电路实验的设计与仿真。

3.1　Multisim 2001 基本界面

启动 Multisim 2001 软件，进入 Multisim 电路设计平台，其基本界面如图 3-1 所示。Multisim 2001 的界面基本上模拟了一个电子实验工作平台的环境，主要包括如下。

(1) 电路设计工作区域：用来绘制电路图及添加各种测量仪器。

(2) 元器件工具：装有各种电子元器件，可供选择、添加。

(3) 虚拟仪器工具：装有各种虚拟电子测量仪器，可供选择、添加。

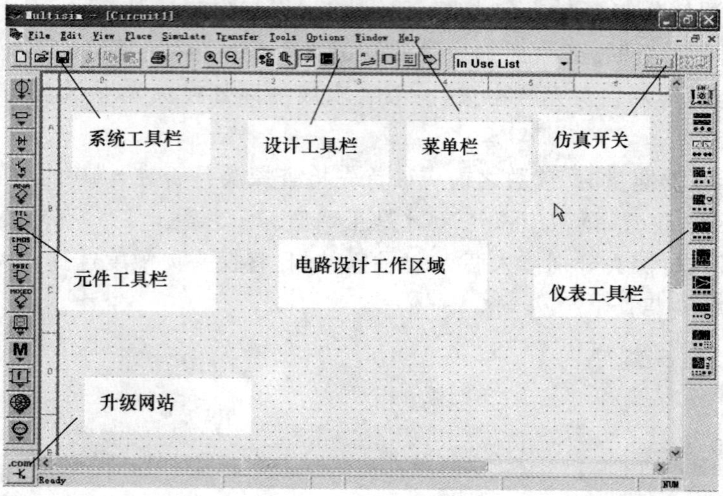

图 3-1　Multisim 2001 的基本界面

3.1.1　主要工具栏

1. 系统工具栏

如图 3-2 所示为 Multisim 2001 的系统工具栏，其中各个按钮的名称及其功能与 Windows基本相同。

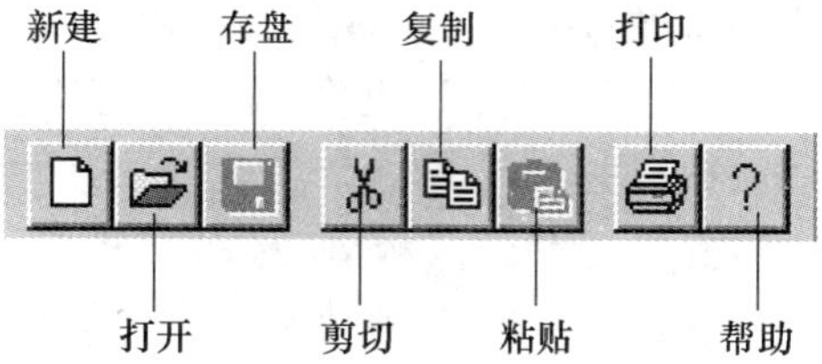

图 3-2　Multisim 2001 系统工具栏

2. 设计工具栏

Multisim 2001 的设计工具栏是 Multisim 的核心工具。使用它可以进行电路的建立、仿真分析，并最终输出设计数据等。虽然利用菜单也可以执行这些设计功能，但利用设计工具栏会更加方便快捷。设计工具栏中各个按钮的名称及功能如图 3-3 所示。

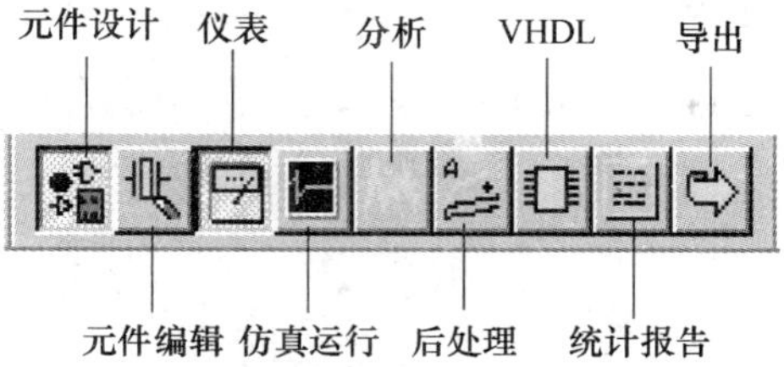

图 3-3　设计工具栏

3. 元件工具栏

Multisim 2001 提供了丰富的元器件库，给电路仿真带来了极大的方便。使用时单击元件工具栏的某一个图标即可打开该元器件库。

如图 3-4 所示给出了 14 个元器件库的按钮图标及其含义。通常这个元件工具栏放在窗口的左边，但也可任意移动这一工具条，将其横向放置。

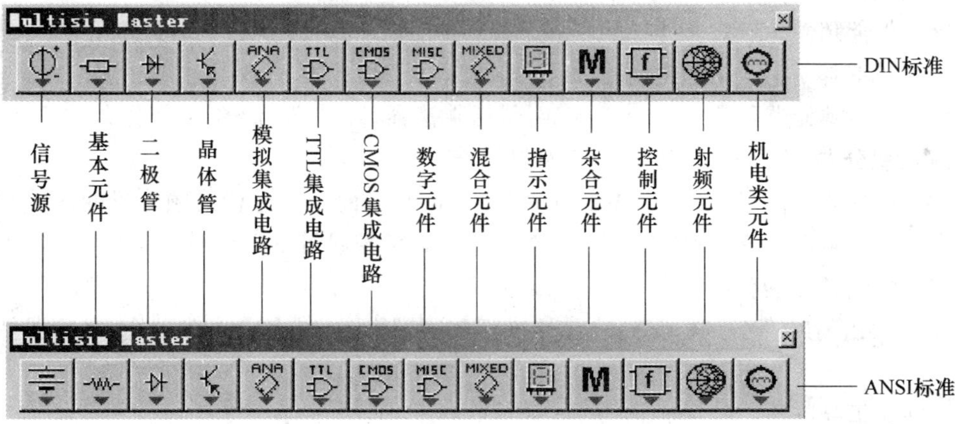

图 3-4　元件工具栏

图 3-4 中列出了该软件提供的两种符号标准：即 DIN 标准和 ANSI(美国国家标准组织)标准，其中 DIN 标准与我国现行电路符号风格基本一致，所以本书以 DIN 标准为主。

执行菜单命令：Options/Preferences/Component Bin，打开对话框，即可设置选择 DIN 标准或 ANSI 标准。

各类元器件工具的用途如下。

(1) 信号源库(Sources)：提供了模拟的、数字的、直流电压电流源、交流电压电流源等 29 个系列的信号源。这些都是虚拟信号源，可通过设置对话框对其进行重新设置。

(2) 基本元件库(Basic)：提供了电阻、电容、电感、电位器、可变电容、可变电感、开关、继电器等共 22 种常用的电子元件。

(3) 二极管库(Diodes)：提供了普通二极管、虚拟二极管、稳压二极管、发光二极管、单向可控硅、双向可控硅、双向触发二极管、整流桥和变容二极管等 9 个二极管系列。

(4) 晶体管库(Transistors)：包括 NPN、PNP 双极型三极管(BJT)、结型场效应管(JFET)和金属氧化物绝缘栅型场效应管(MOS FET) 等半导体元件。

(5) 模拟集成电路库(Analog ICs)：提供了运算放大器、电流差分运放、比较器、宽带放大器和特殊功能模块等 5 种类型模拟器件。

(6) TTL 集成电路库(TTL)：提供了 74 和 74LS 两个系列的 TTL 集成电路的仿真库，包括了大部分 74 系列型号。

(7) CMOS 集成电路(CMOS)：将 CMOS 数字集成电路分为六大类，实际上是 4××× 系列和 74HC 系列，其中 4××× 系列电源电压在 3～18 V 之间，而 74HC 系列在 2～6 V 之间。

注意： 74HC 系列和 74 系列集成电路，当序号相同时其逻辑功能也相同，但由于电源电压和对输入端的处理不同，故尽管功能一样也不可以直接替换。

(8) 其他数字元器件库(Digital ICs)：提供了 TIL，VHDL，Verilog 这三大类元件。其中 TIL 为单逻辑单元，一般是仅有一个逻辑单元或一些实际元件没有的逻辑单元。

(9) 混合元器件库(Mixed Chips)：混合元器件库是指输入/输出中既有数字信号又有模拟信号的元件。主要包括：ADC/DAC、555 定时器、单稳态电路、模拟开关和锁相环。

(10) 指示元器件库(Indicators)：包括电压表头、电流表头、电压控制器、灯泡、七段数码管、条式指示器和蜂鸣器等七类元件。

(11) 杂合元件库(Miscellaneous)：杂合器件是一些使用较广，但又不好分类的元件。主要有：石英晶体、熔断器、光电耦合器、三端稳压器、电子管、直流马达等。

(12) 控制类元器件库(Controls)：包括乘法器、除法器、传输函数模块、电压增益器、微分电路、积分器、电压磁滞模块等 12 种功能模块。

(13) 射频器件库(RF)：Multisim 提供了一些专门用于进行射频分析的元件模型，主要有 RF 电容、RF 电感、RF 三极管、RF 二极管和微带线等 RF 元件。

(14) 机电类元器件库(Electromechanical)：机电类元件指一些电工类的开关元件，包括定时开关、瞬时开关、联动开关、线性变压器、线圈及继电器、敏感开关、保护器件、输出器件等八类。

4. 仪表工具栏

仪表工具栏含有 11 种用来对电路状态进行测试的虚拟仪器，图 3-5 给出了这 11 种仪器的按钮图标及其含义。

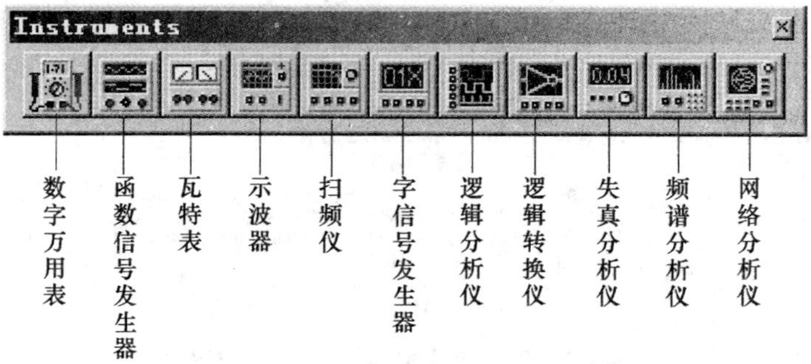

图 3-5　仪表工具栏

各种虚拟仪器的设置及使用方法将在后面的内容中进行详细介绍。

3.1.2　其他功能

1. 电路窗口

电路窗口是界面中最大的一个区域，相当于一个实际设备的操作平台，电路的绘制编辑、仿真分析及数据波形显示等都在此窗口完成。

2. 仿真开关

仿真开关用来控制仿真的进程，共有“暂停/恢复”和“启动/停止”两个按钮。如图 3-6 所示。

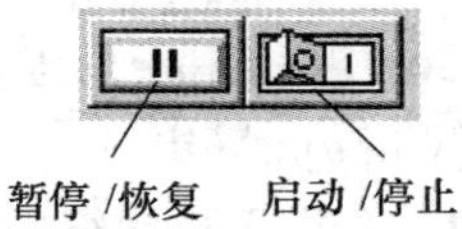

图 3-6　仿真开关

注意：仿真开关只有在电路加上信号源和虚拟仪器后以后才可进入运行状态。

3. 使用中的元件清单(In Use List)

使用中的元件清单列出了当前电路所使用的全部元件，用以进行检查或重复调用。

4. 状态栏

位于主窗口的最下面，用来显示有关当前操作及鼠标所指条目的有关信息。

3.2　Multisim 2001 使用入门

在创建电路图对其进行仿真分析之前，首先需要定制 Multisim 界面。

3.2.1　定制 Multisim 界面

定制 Multisim 界面的操作主要通过“Preferences”对话框中提供的各项选择功能实现。启动“Options”菜单中的“Preferences...”命令，即出现“Preferences”对话框，如图 3-7 所示。

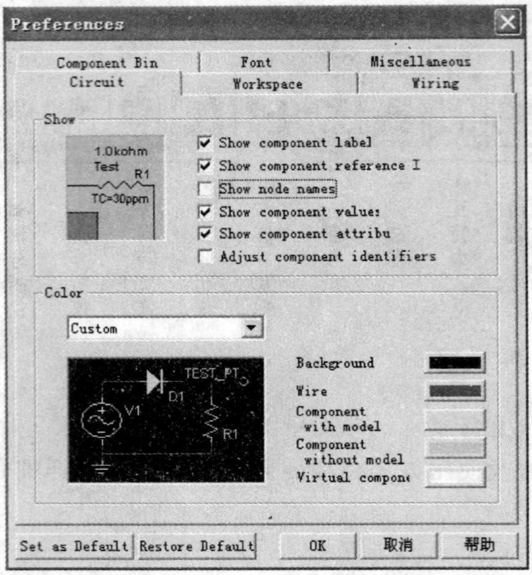

图 3-7　工作窗口设置对话框

1. 设置电路图选项

设置电路图选项为"Circuit"选项，图 3-7 即为 Circuit 页，该对话框分为两个区。

Show 区：用于设置元器件标号、参考编号、属性、标称值和结点号显示状态。

Color 区：用于设置电路图颜色，在下拉列表框中可以选择 4 种固定配色方案。还可以选择"Custom"(定制)，这样可自行进行电路图背景、连接线、元器件颜色设置。

2. 设置元器件符号标准

在图 3-7 中单击"Component Bin"(部件箱)选项，屏幕弹出对话框。在 Symbol standard 区设置元器件符号标准，如图 3-8 所示，其中有 DIN(欧洲标准)和 ANSI(美国标准)两种标准。选择不同的符号标准，在元器件库中以不同的符号表示，DIN 标准比较接近我国国标符号。

图 3-8　元器件符号标准设置

3. 设置图纸大小

在图 3-7 中单击"Workspace"选项卡，屏幕弹出如图 3-9 所示窗口。在"Sheet size"设置标准图纸大小；"Custom size"用于自定义图纸大小；"Inches"(英寸)和"Centimeter"(厘米)用于设置单位制；"Orientation"用来设置图纸放置方向。

4. 设置栅格、页边缘和标题栏的显示状态

在图 3-9 中，"Show"栏设置电路图栅格、页边缘和标题栏显示状态，单击复选框，打"√"后选中该项。

执行"View/Show grid"(显示栅格)、"Show page bounds"(显示页边缘)和"Show title block and border"(显示标题栏)可设置显示或隐藏状态,如图 3-10 所示为使用栅格和标题栏的电路。

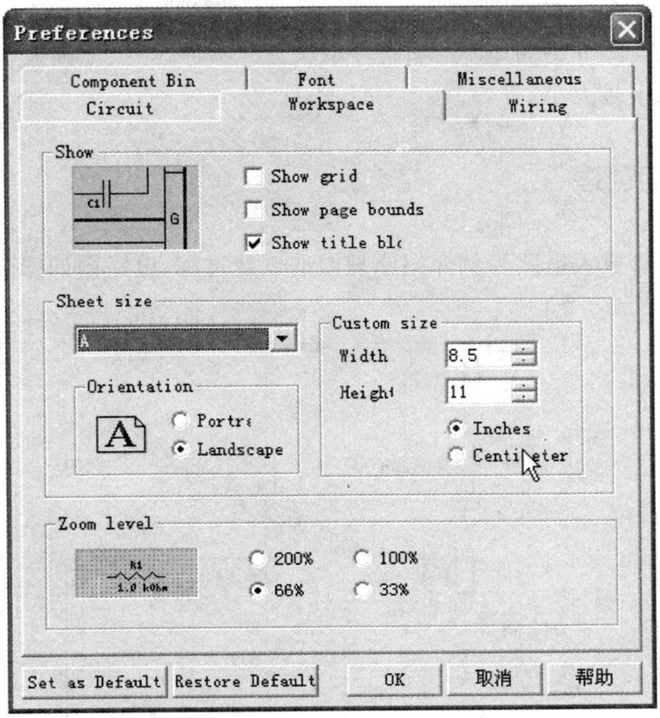

图 3-9　Workspace 页对话框

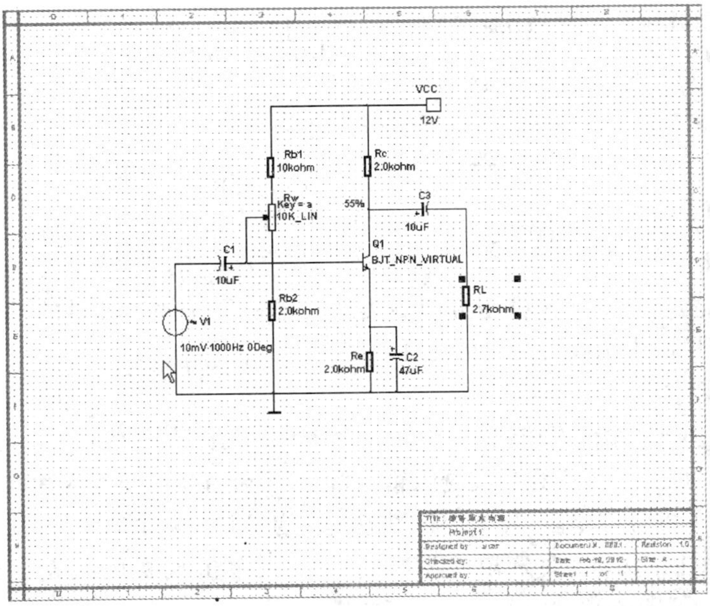

图 3-10　使用栅格和标题栏的电路

5. 自动备份设置

在图 3-7 中单击“Miscellaneous”选项卡，选中“Auto backup”可以设置自动备份时间。

6. 字体、字号设置

在图 3-7 中单击“Font”(字体)选项卡可以设置元器件标号、标称值、引脚号、结点号、说明文字等的字体和字号大小，等等。

3.2.2 原理图的创建

下面以一个单管放大电路为例介绍原理图的创建过程，电路图如图 3-11 所示。

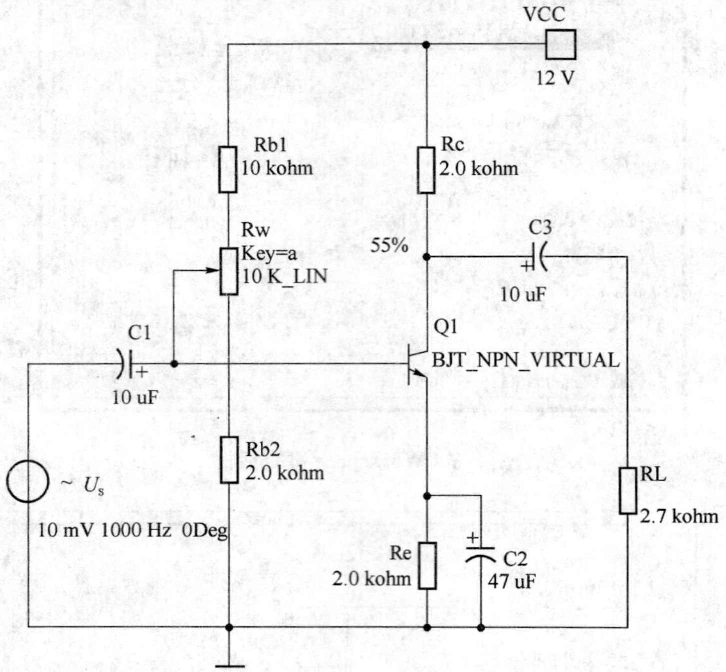

图 3-11 单管放大电路

1. 放置元件

Multisim 已将所有的元件模型分门别类地放置在了元件工具栏的元件库中。设计者可以在相应的元件库中选择所需要的元件。

(1) 放置电阻

将鼠标指向 Basic 元件库按钮时，元件库展开。元件库中有两个电阻箱，左边一个存放着现实存在的电阻元件，称为现实电阻箱；右边一个带有墨绿色衬底的电阻箱中存放着一个可任意设置阻值的虚拟电阻，称为虚拟电阻箱。为了与实际电路接近，应尽量选用现实电阻箱中的电阻元件。例如，要选取 2 kΩ 的电阻，先单击现实电阻箱，出现“Component Browser”对话框，如图 3-12 所示。

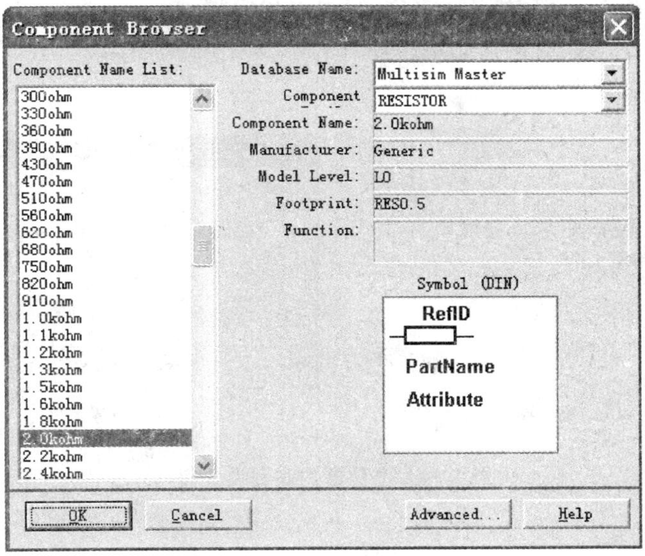

图 3-12　“Component Browser”对话框

如果选择虚拟电阻箱中的电阻，则单击后可直接拖出一个虚拟电阻，双击后可打开属性设置框，如图 3-13 所示，可在“Value”页中设置此虚拟电阻的值。另外还可在“Label”页中设置元器件标号。

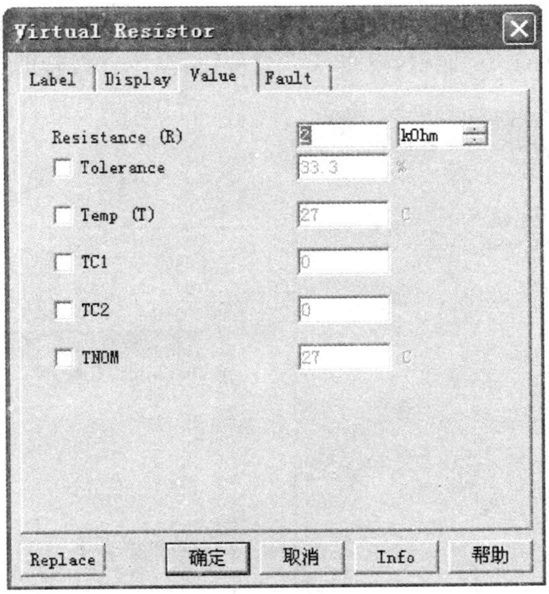

图 3-13　虚拟电阻属性设置框

(2) 放置电位器

在 Basic 元件库中找到电位器，利用与放置电阻同样的方法将电位器 10K_LIN 放置到电路窗口，双击该电位器，屏幕弹出电位器控制键设置窗口，如图 3-14 所示。

元件中的“50%”为当前阻值的百分比，“Key”用于设置控制键，“Decrease”表示递减，

“Increase”表示递增，图 3-14 中设置为按“a”键减小阻值，按“A”键增大阻值，大小写变换可以通过键盘上的 Shift 键进行，控制键可以自行改变；“Increment”栏用于设置每次调整的百分比，图 3-14 中设置为 5%。

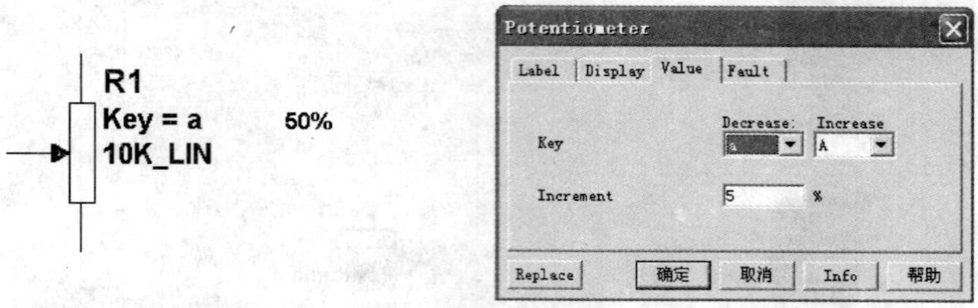

(a) 电位器　　(b) 设置窗口

图 3-14　电位器控制键设置窗口

（3）放置电容

在 Basic 元件库中找到电解电容箱，利用与放置电阻同样的方法可以将两个 10 μF 和一个 47 μF 的电解电容放置到电路窗口中。

（4）放置晶体三极管

从晶体管库中选择虚拟晶体三极管，双击元件，打开元件属性对话框，如图 3-15 所示。选择“Value”页，单击“Edit Model”按钮，即出现“Edit Model”对话框，如图 3-16 所示。其中 BF 即是 β(电流放大倍数)，其值可根据需要修改。然后单击“Change Part Model”按钮，回到“BJT_NPN_VIRTUAL”对话框，单击“确定”按钮，晶体三极管即放置完毕。

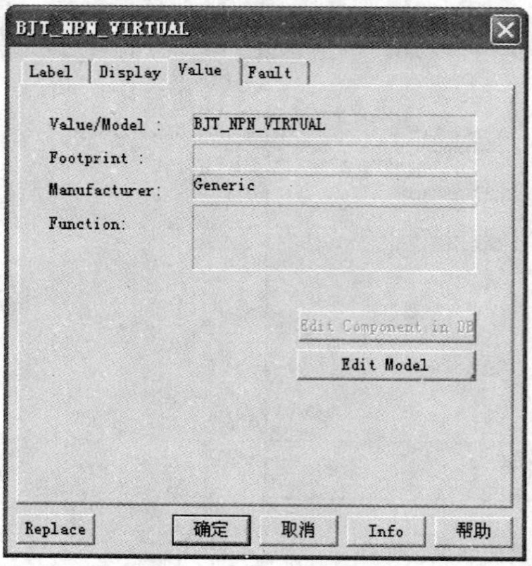

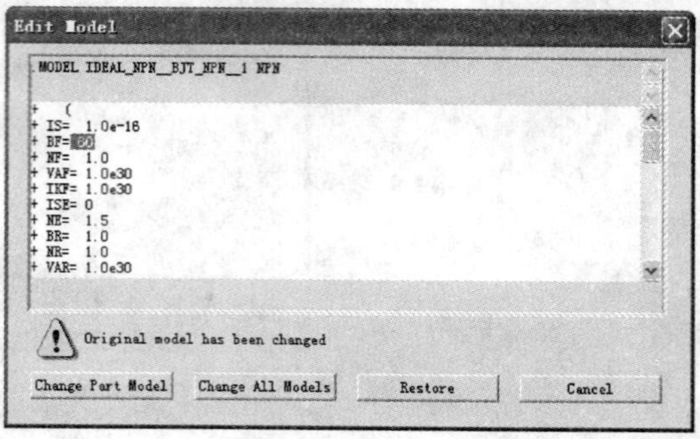

图 3-15　“BJT_NPN_VIRTUAL”元件属性对话框　　图 3-16　“Edit Model”对话框

（5）放置电源、地

放置直流电压源：将鼠标指向 Source 元件库按钮，电源元件库展开，选择直流电压源或简化的直流电压源，可将直流电压源放置在电路窗口中。

放置交流信号源:交流信号源可以采用信号发生器产生,也可以直接调用交流电压源,在电源库中单击按钮,可选择一个流电压信号源放置在电路窗口中。

电源库中的元件全部是虚拟的,对于虚拟元件,可直接双击该元件改变其参数设置。例如,双击交流电压源,出现如图 3-17 所示的属性对话框,在此可以对这个信号源的大小、频率、初相进行修改。

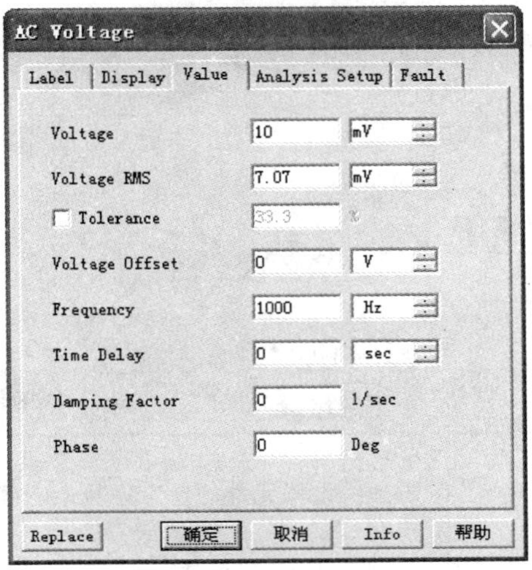

图 3-17　“AC Voltage”属性对话框

放置接地端:如果电路没有接地端,通常不能进行有效的分析。单击 Source 元件库中的接地按钮,再将其拖出至合适位置,单击释放即可。

2. 调整元件

在电路中,元件有时需要水平放置,有时又需要垂直放置。Multisim 提供了水平放置、垂直放置、顺时针旋转 90°和逆时针旋转 90°共 4 种旋转方式。有两种操作方法:①右击需要旋转的元件,就可以弹出快捷菜单,如图 3-18 所示。②选中要旋转的元件,执行“Edit”菜单下的相应命令即可。

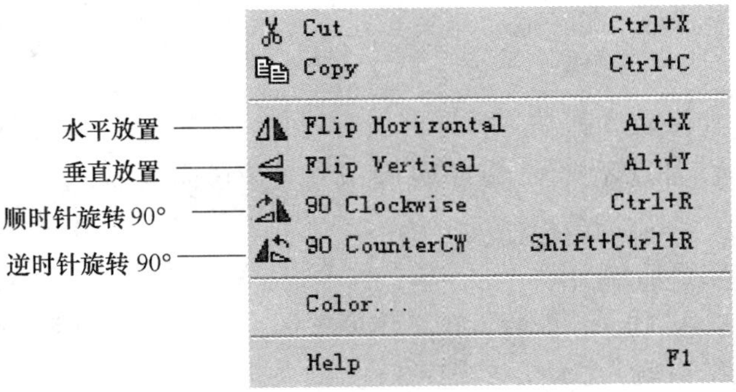

图 3-18　旋转快捷菜单

设计时若需用调整元件的参考序号,可双击元件,打开元件的属性对话框。选择“Label”,在“Reference ID”中进行调整。如将负载电阻的参考序号改成“RL”,如图 3-19 所示。

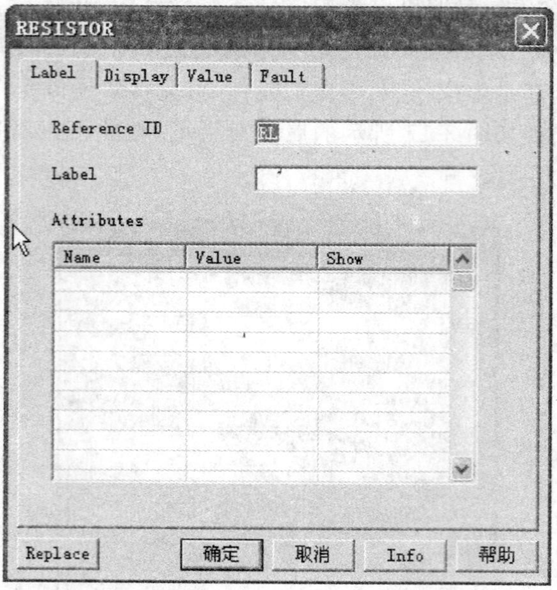

图 3-19 设置元件的参考序号

3. 元件的连线操作

(1) 导线的连接。将光标指向所要连接的元件的引脚上，鼠标指针就会变成圆圈状，单击左键并移动光标，即可拉出一条虚线；当导线需要拐弯时，单击左键，到达另一元件对应引脚时再单击左键，即完成了一次导线的连接。如果对所画的导线不满意，可选中该线，按Delete键删除掉。

(2) 设置导线的颜色。当复杂电路导线较多时，可以将不同的导线标上不同的颜色来加以区分。先选中该导线，单击右键，通过弹出的快捷菜单中的“Color”选项来设置颜色。

注意： *导线的颜色会改变示波器等测试仪器所显示的波形的颜色。*

(3) 修改走线。某些线连接好后，想进行局部调整，可以单击该连线，连线上出现很多拖动点，单击两拖动点之间的连线，光标变成双箭头，拖动箭头实现正交修改；如果单击拖动点，则该点上出现三角箭头，此时拖动箭头实现任意角度的走线。

4. 结点的使用

在连线过程中，如果连线一端为元器件引脚，另一端为导线，则在导线交叉处系统自动打上结点。若连线的起点不是元器件引脚或结点，则需要执行菜单“Place”→“Place Junction”，在电路中手工添加结点。

5. 原理图中的文字描述

执行菜单“Place”→“Place Text”，在工作区中需要放置文字说明的地方单击一下，即可输入文字，单击右键结束输入。

3.3 Multisim 2001 虚拟仪器的使用

在 Multisim 2001 的仪器库中存放有 11 台虚拟仪器可供使用，它们是数字万用表、函数信号发生器、双踪示波器、波特图示仪、字信号发生器、逻辑分析仪、逻辑转换仪等。这些虚拟仪器在电路中以图标的形式存在，当需要观察、测试数据与波形，或者重新设置仪器的参数指标时，可以通过双击打开仪器的面板，就可以看到具体的测试数据与波形。

3.3.1 数字万用表

数字万用表(Multimeter)可以在电路两结点之间测量交、直流电压，交、直流电流，电阻和分贝值，它能自动调整量程。如图 3-20 所示为数字万用表的图标和面板图。

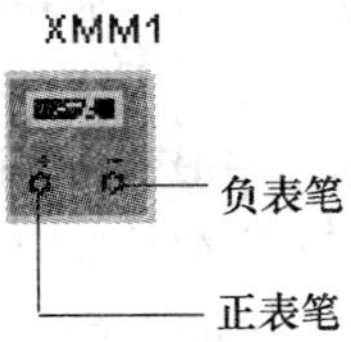

(a) 图标

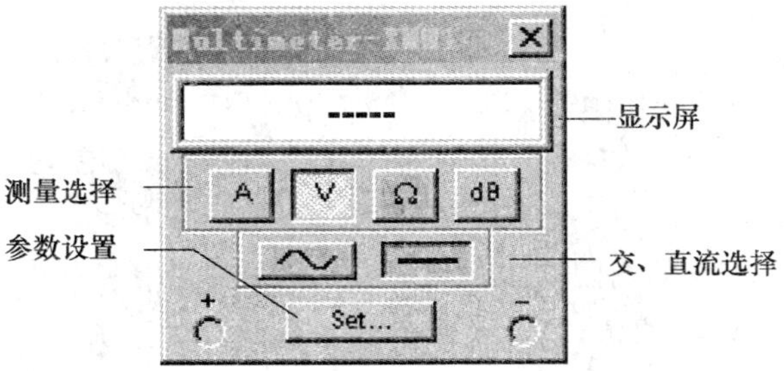

(b) 面板图

图 3-20　数字万用表的图标和面板图

1. 电路连接

图标上的＋、－两个端子用来连接所要测试的端点，连接方法同实际的万用表一样。

(1) 测电压或电阻时，应与所要测试的端点并联。

(2) 测电流时，应串入被测支路中。

2. 面板操作

(1) 电压、电流测量

选择面板上的“V”按钮或“A”按钮将万用表设置为测量电压或测量电流，根据测量的信号是交流还是直流，通过面板上的“～”按钮或“－”按钮来切换。

(2) 电阻测量

测量某电路的电阻，需将万用表两表笔与被测电路相并联，选择面板上的“Ω”按钮，启动电路后，在面板上就可以读出测量的阻值。

在测量电阻时应注意：

① 电路中必须有一个接地点，否则无法测出电阻阻值。

② 测量的电路中不能存在交、直流信号源，否则测量结果不准确。

③ Multisim 提供的万用表电阻挡无法判断二极管、晶体三极管的好坏。

(3) 参数设置

单击面板上的“Set”(参数设置)按钮，屏幕弹出对话框，设置电压挡、电流挡的内阻、电阻挡的电流值等参数，如图 3-21 所示。

在参数设置对话框中，“Ammeter resistance(R)”设置电流挡的内阻，其大小影响电流的测量精度；“Voltmeter resistance(R)”设置电压挡的内阻，其大小影响电压的测量精度；“Ohmmeter current(I)”设置用欧姆挡测量时，流过欧姆表的电流值。

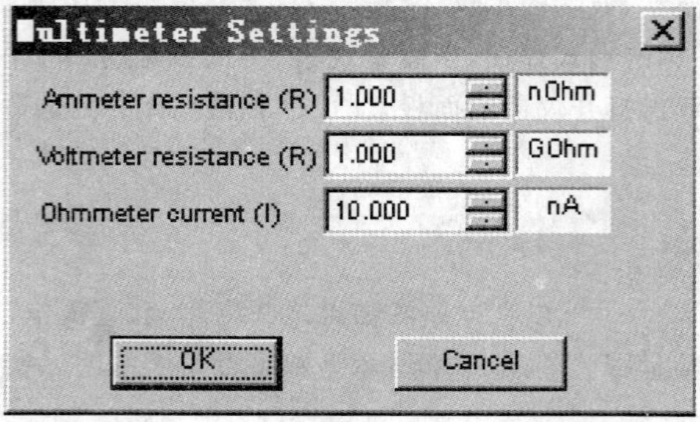

图 3-21　数字万用表的参数设置

此外，在 Multisim 2001 的指示元件库(Indicators)中提供有电压表(Voltmeter)和电流表(Ammeter)，如图 3-22 所示，双击电压表或电流表，屏幕弹出仪表设置对话框，单击“Value”选项卡，设置仪表参数，图 3-23 中的“Resistance”栏用于设置内阻，一般为提高测量精度，电压表的内阻要设置大一些，电流表的内阻要设置小一些；“Mode”下拉列表框用于选择交流(AC)、直流(DC)工作方式。当设置为交流模式时，显示的是交流电压的有效值。

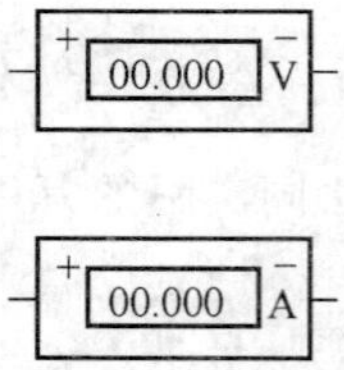

图 3-22　虚拟电压表和电流表

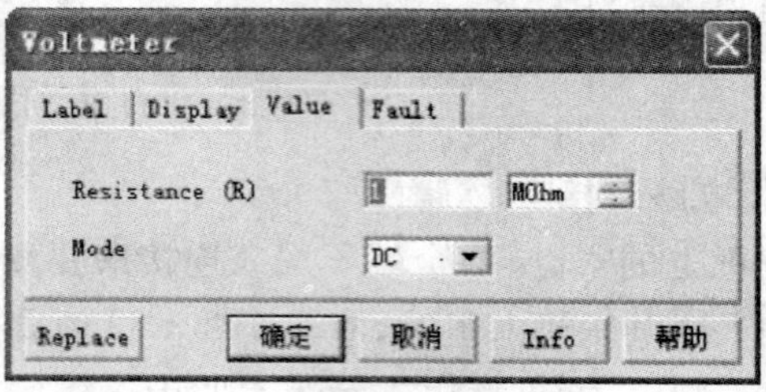

图 3-23　电压表参数设置

3.3.2　函数信号发生器

如图 3-24 所示为函数信号发生器(Function Generator)的图标和面板，它主要用来产生正弦波、方波和三角波信号。信号频率、幅值均可调整，频率可在 1 Hz～999 MHz 范围内调整。对于三角波和方波可以设置其占空比(Duty cycle)的大小，还可以将正弦波、方波和三角波信号叠加到设置的电压偏置(Offser)上。函数信号发生器与电路的连接分为两种方式。

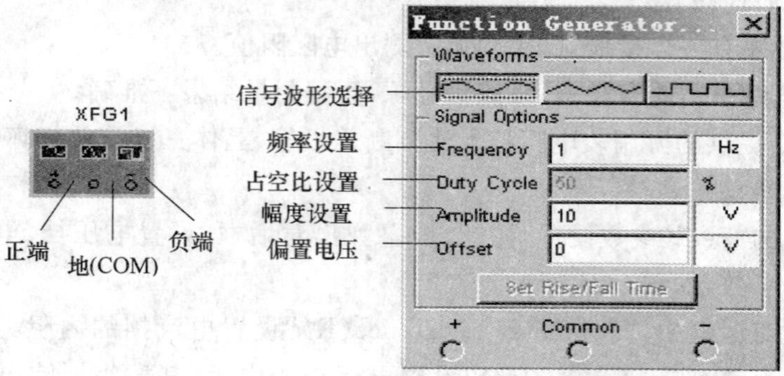

(a) 图标　　(b) 面板图

图 3-24　函数信号发生器的图标和面板图

(1) 单极性连接方式。将“COM”端与电路的地相连,“+”端或“-”端与电路的输入端相连。这种方式一般用于普通电路。

(2) 双极性连接方式。将“+”端与电路输入的“+”端相连,而“-”端与电路输入的“-”端相连。这种方式一般用于信号发生器与差分电路相连,如差动放大器、运算放大器等。

3.3.3 功率计

功率计(Wattmeter,也称瓦特表)用于测量电路中的平均功率和功率因子,如图 3-25 所示为功率计的图标和面板图。在进行电路连接时,标“V”两个端子为电压输入端口,与测试电路并联;标“I”的两个端子为电流输入端口,与测试电路串联。所测得的功率显示在面板上面的栏内,该功率是所测电路的平均功率,单位会自动调整。

“Power Factor”可显示功率因素。

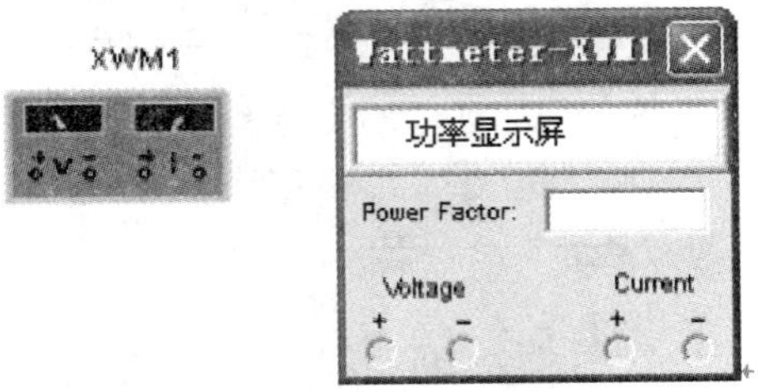

(a) 图标　　(b) 面板图

图 3-25　瓦特表的图标和面板图

3.3.4 示波器

示波器(Oscilloscope)是电子测量中使用最为频繁的重要仪器之一,可用来观测信号的波形并可测量测量信号的幅度、频率、周期和相位差等参数。Multisim 2001 提供了数字式存储示波器,借助它用户可以看到通常在实验室无法看到的瞬间变化的波形,并加以存储保留。

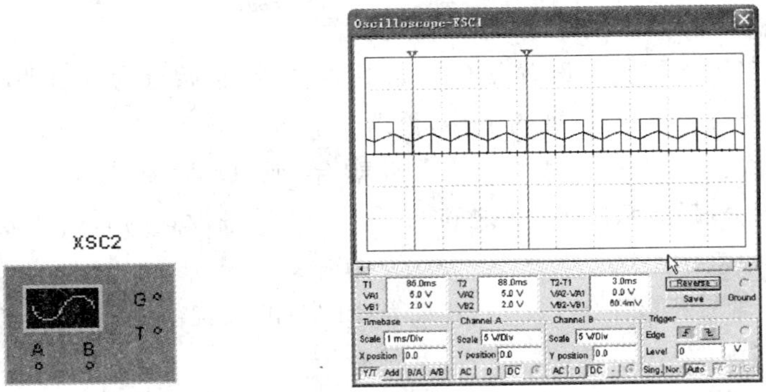

(a) 图标　　(b) 面板图

图 3-26　示波器的图标和面板图

1. 电路连接

示波器的图标和面板图如图 3-26 所示。它是一个双踪示波器,有 A 和 B 两个通道,G 是接地端,T 是外触发端。该虚拟示波器与实际的示波器的连接方式稍有不同,如图 3-27 所示。

(1) A 和 B 两个通道分别只需一根线与被测点相连,测量的是该点与“地”之间的波形;

(2) 接地端 G 一般要接地,但当电路中已有接地符号,也可不接。

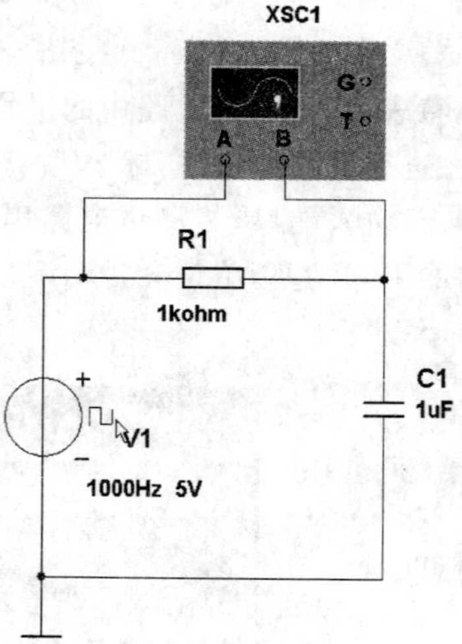

图 3-27　示波器连接示例

2. 面板操作

示波器的控制面板分为四个部分。

(1) Timebase(时间基准)

“Scale”(量程):设置显示波形时的 X 轴时间基准,表示 X 轴方向每一刻度代表的时间。

“X position”(X 轴位置):设置 X 轴的起始位置。

显示方式设置有 4 种:“Y/T”方式指的是 X 轴显示时间,Y 轴显示电压值;“Add”方式指的是 X 轴显示时间,Y 轴显示 A 通道和 B 通道电压之和;“A/B”或“B/A”方式指的是 X 轴和 Y 轴都显示电压值。

(2) Channel A(通道 A)

“Scale”(量程):通道 A 的 Y 轴电压刻度设置。

“Y position”(Y 轴位置):设置 Y 轴的起始点位置,起始点为 0 表明 Y 轴和 X 轴重合,起始点为正值表明 Y 轴原点位置向上移,否则向下移。

触发耦合方式:“AC”(交流耦合)、“0”(0 耦合)或“DC”(直流耦合)。交流耦合只显示交流分量;直流耦合显示直流和交流之和;0 耦合,在 Y 轴设置的原点处显示一条直线。

(3) Channel B(通道 B)

通道 B 的 Y 轴量程、起始点、耦合方式等项内容的设置与通道 A 相同。

(4) Trigger(触发)

触发方式主要用来设置 X 轴的触发信号、触发电平及边沿等。“Edge”(边沿):设置被测信号开始的边沿,设置先显示上升沿或下降沿。“Level”(电平):设置触发信号的电平,使触发信号在某一电平时启动扫描。触发信号选择:“Auto”(自动)、通道 A 和通道 B 表明用相应的通道信号作为触发信号;“Ext”为外触发;“Sing”为单脉冲触发;“Nor”为一般脉冲触发。

触发方式有 6 种选择,一般情况下使用“Auto”方式。

3. 示波器读数方法

为了测量准确和读数方便,一般在暂停仿真操作冻结波形后,再进行观测。图 3-28 中的指针 1 处读数中的 T1 表示当前位置的时刻,VA1 表示当前位置 A 通道的电压值,VB1 表示当前位置 B 通道的电压值;指针 1 和 2 处的读数差中的“T2-T1”表示两读数轴之间的时间差,它一般用于测量信号周期等;“VA2-VA1”(或“VB2-VB1”)表示两读数轴处 A(或 B)通道波形的电压差,一般用于测量信号的幅度、峰峰值等。从图 3-28 中可以看出,A 通道的信号电压值为 5 V,周期为 1 ms。

3.3.5　波特图示仪

波特图示仪(Bode Plotter)用来测量电路的幅频特性和相频特性,也称扫频仪,其图标和面板如图 3-28所示。

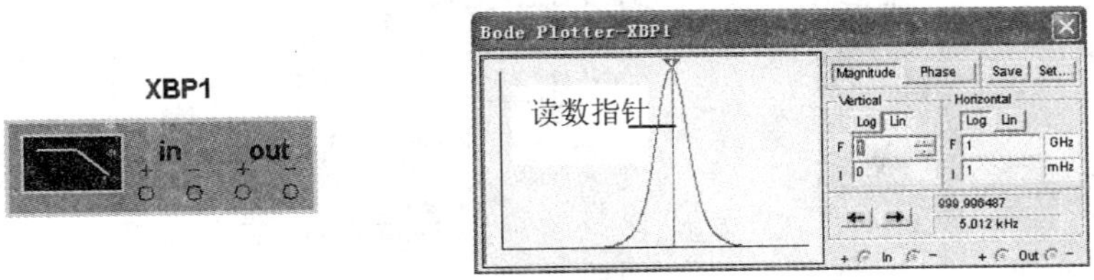

(a) 图标　　(b) 面板图

图 3-28　波特图示仪的图标和面板图

1. 连接电路

扫频仪有 In 和 Out 两对接线端口,其中 In 端口的“+”端接电路输入的正端,In 端口的“-”端接电路输入的负端;Out 端口的“+”端和“-”端分别接电路输出的正端和负端。使用时,必须在电路的输入端接入 AC(交流)信号源,但对其频率的设定并无特殊的要求。

2. 面板操作

波特图示仪测量幅频特性和相频特性曲线时,单击“Magnitude”按钮显示幅频特性曲线;单击“Phase”按钮显示相频特性曲线;单击“Save”按钮保存测量结果;单击“Set”按钮设置扫描的分辨率,数值越大精度越高。

“Vertical”(垂直坐标)和“Horizontal”(水平坐标):可以选择的类型有“Log”(对数)和“Lin”(线性),“I”和“F”分别是用来设置坐标起点值和坐标终点值。水平坐标表示测量信号的频率,垂直坐标表示测量信号的增益或相位。一般地,垂直轴选择采用“Lin”(线性)刻度,水平轴选择采用“Log”(对数)刻度。

3. 测量读数

读数时可以拖动读数指针或单击读数轴光标键 ← →,读数栏内显示指针处的读数。图 3-28 中读数为:电压为 999. 996487 V,频率为 5. 012 kHz。

3.3.6 字信号发生器

字信号发生器(Word Generator)也称为数字逻辑信号源,是一个最多能够产生 32 位逻辑信号,用来对数字电路进行逻辑测试的仪器,其图标及面板图如图 3-29 所示。由图 3-39(a)中图标可见其左边及右边各有 16 个接线柱,表示最多可以输出 32 路数字信号。

1. 连接电路

图 3-29(a)中图标左边 16 个端子输出低 16 位逻辑信号,右边 16 个端子输出高 16 位逻辑信号,R 端为数据准备就绪端,T 端为外触发信号端。

2. 面板操作

双击图标可打开字信号发生器的面板,如图 3-29 所示,面板图最左侧是字信号显示区,32 位的字信号以 8 位十六进制数进行显示,显示的内容可以通过滚动条前后移动,输出状态及变化的规则可自定义。其面板共有六个区:Address 区、Edit 区、Trigger 区、Frequency 区、Controls 区和当前输出数据显示区。

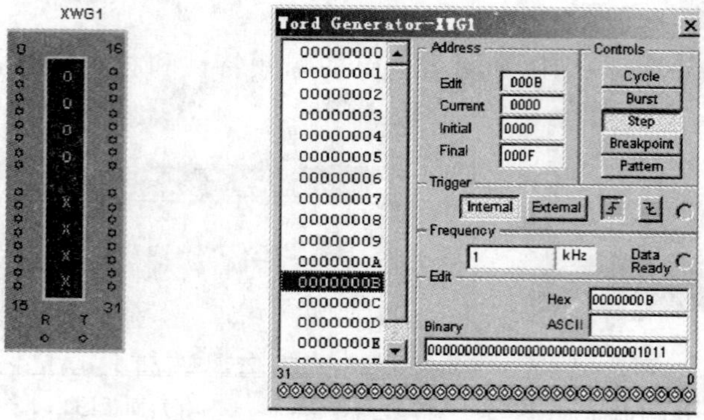

(a) 图标　　(b) 面板图

图 3-29　字信号发生器的图标及面板图

(1) Address 区:设置字信号地址。

"Edit":显示当前正在编辑的字信号的地址。

"Current":显示当前正在输出的字信号的地址。

"Initial 和 Final":分别用于设定输出字信号的首地址和末地址。

(2) Controls 区:设置字信号的输出方式。

"Cycle":表示字信号的输出为循环方式,即循环不断地进行 Burst 方式的字信号输出。

"Burst":表示字信号是从首地址开始连续逐条单循环地输出字信号。

"Step":表示单步输出,即每单击鼠标一次输出一条字信号。

"Breakpoint":设置中断点。在 Cycle 和 Burst 方式中,要使字信号输出到某条地址后自动停止输出,应先用鼠标选择要停止的位置(地址),单击"Breakpoint"按钮,此时左边数据区中对应地址的数据右边出现一个"*"号,运行至断点处将停止输出,按暂停或 F6 键可以恢复输出。

"Pattern":当需要清除设置的断点地址时,打开"Pattern"对话框,如图 3-30 所示,选中"Clear buffer",再单击"Accept"按钮即可。

"Pattern"对话框中其他选项分别有如下的作用。

① "Open":打开字信号文件。

② “Save”：将字信号文件存盘。

③ “Up Counter”：选中的地址区数据递增编码，如 0000，0001，0002，0003，…。

④ “Down Counter”：选中的地址区数据递减编码，如 000F，000E，000D，000C，…。

⑤ “Shift Right”：选中的地址区数据右移方式编码，如 8000，4000，2000，1000，0800，…。

⑥ “Shift Left”：选中的地址区数据左移方式编码，如 0001，0002，0004，0008，0010，…。

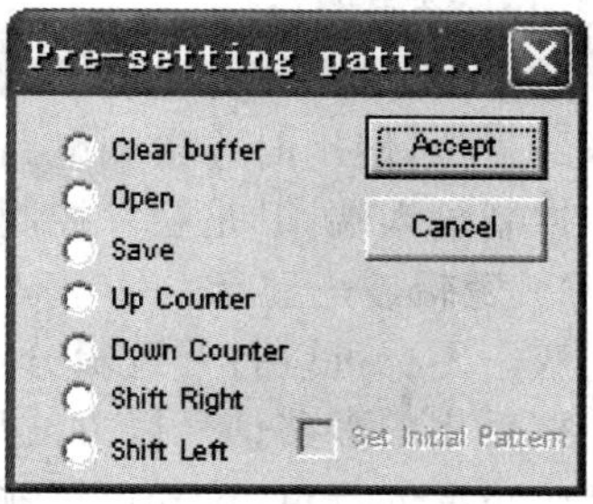

图 3-30　Pattern 对话框

(3) Trigger 区：设置触发方式。

“Internal”：内部触发。

“External”：外部触发，将输入端 T 连接的信号设置为触发信号。

↑ ↓：上升沿触发和下降沿触发。

(4) Frequency 区：设置字信号输出的频率，在 Burst 和 Cycle 状态下的输出快慢由设定的输出频率决定。

(5) Edit 区：编辑 Address 区中“Edit”所指地址中的数据，可以使用以下三种方式之一输入数据。

“Hex”：8 位十六进制数。

“ASCII”：4 位 ASCII 码。

“Binary”：32 位二进制数。

除了以上方法，还可以在左边数据区中选取后直接编辑其中的数据，左边数据区中的数据是以 8 位十六进制数的形式存放的。

(6) 输出显示区：输出端输出信号的同时会在面板的最下边显示输出各位的数据。

3.3.7　逻辑分析仪

逻辑分析仪(Logic Analyzer)可以同时记录和观察多路逻辑信号的波形，主要用于对数字信号的高速采集和时序分析，是分析和调试数字系统的重要工具。如图 3-31 所示为逻辑分析仪的图标和面板图。

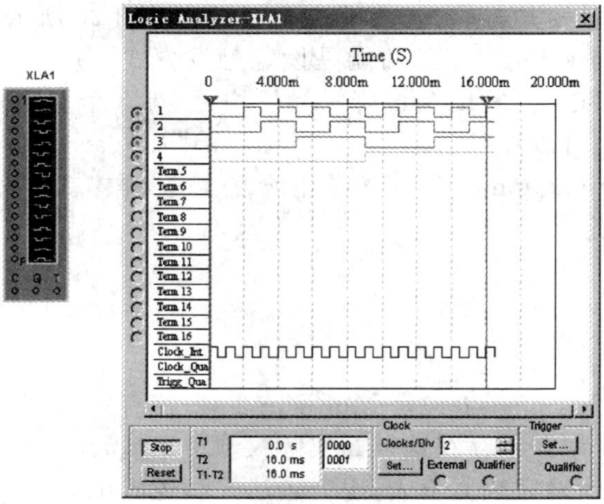

(a) 图标　　　　(b) 面板图

图 3-31　逻辑分析仪的图标和面板图

1. 连接电路

图 3-31(a)中图标左侧 16 个端口是逻辑分析仪的输入信号端口,从上至下依次为最低位至最高位,使用时连接到电路的测量点,图标下部还有 3 个端子,C 是外时钟输入端,Q 是时钟控制输入端,T 是触发控制输入端。

2. 逻辑波形显示

双击图标可以打开逻辑分析仪的面板,其操作如下:

被采集的多路信号以方波形式显示在显示区屏幕上,通过设置输入导线的颜色可以修改相应波形的颜色,这样可用颜色区分不同的多路信号。"Stop"是停止仿真按钮,单击它可以显示当前的波形;"Reset"是复位并清除显示波形按钮。

3. 时钟控制设置

Clock 区:包括"Clock/Div"栏"Set"按钮。

"Clock/Div"(时基):设置在显示屏上单位水平刻度显示的时钟脉冲数。当波形密集时,可将时基设置小一点。

"Set"按钮:设置时钟脉冲,单击该按钮后出现如图 3-32 所示的对话框。

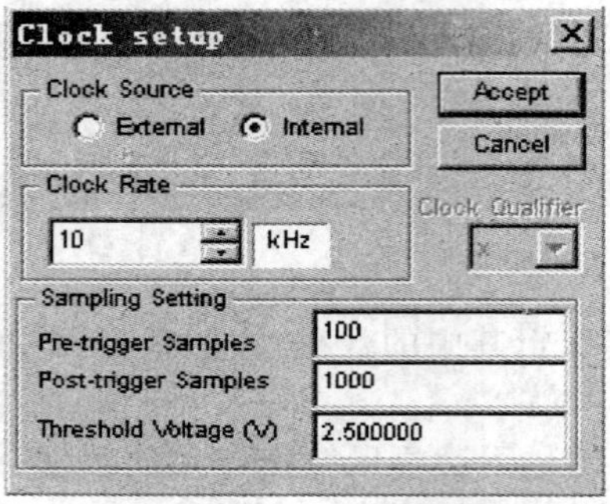

图 3-32 "Clock setup"对话框

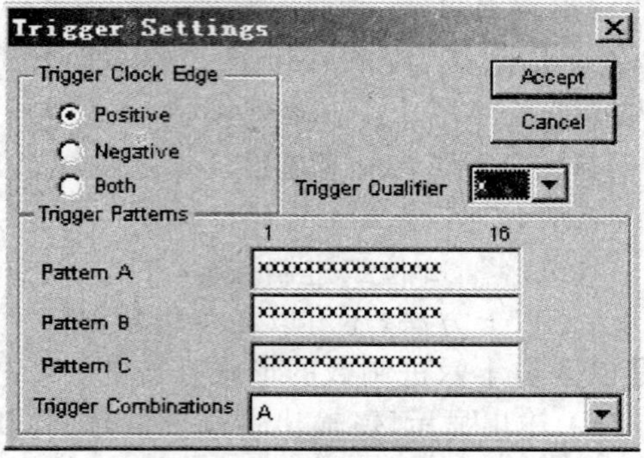

图 3-33 "Trigger Settings"对话框

其中,Clock Source 区是时钟脉冲来源,如果选取"External"则设置成由外部取得时钟脉冲;如果选取"Internal"则设置成由内部取得时钟脉冲。Clock Rata 区的功能是选取时钟脉冲的频率。Sampling Setting 区的功能是设置取样方式。

4. 触发模式设置

Trigger 区:设置触发方式,单击"Set"按钮,出现如图 3-33 所示的对话框。

其中,Trigger Clock Edge 区的功能是设定触发方式,包括"Positive"(上升沿触发)、"Negative"(下降沿触发)、"Both"(升、降沿触发均可)等 3 个选项。Trigger Patterns 区的功能是设置触发样本,可以在"PatternA","PatternB"及"PatternC"栏中设定触发样本,也可以在"Trigger Combinations"栏中选择组合的触发样本。当所有项目选定后,单击"Accept"按钮即可确定。

3.3.8 逻辑转换仪

逻辑转换仪(Logic Converter)是 Multisim 2001 特有的虚拟仪器设备,实验室中并不存在这样的实际仪器。逻辑转换仪主要功能是很方便地完成真值表、逻辑表达式和逻辑电路三者之间的相互转换。逻辑转换仪的图标如图 3-34 所示。

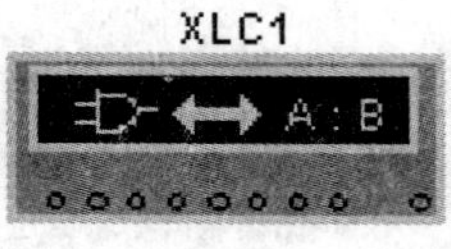

图 3-34 逻辑转换仪的图标

1. 连接电路

逻辑转换仪的图标中有 9 个端子，左边 8 个用于连接电路的输入端，右边的一个端子用于连接电路的输出端。只有在将逻辑电路转换为真值表时，才需将图标与逻辑转换仪相连。

2. 从逻辑电路导出真值表

(1) 绘制逻辑电路。将逻辑电路的输入端连到逻辑转换仪的输入端，将逻辑电路的输出端连到逻辑转换仪的输出端，如图 3-35(a)所示。

(2) 单击按钮(电路→真值表)，系统自行转换并在真值表区列出该电路的真值表，如图 3-35(b)所示。

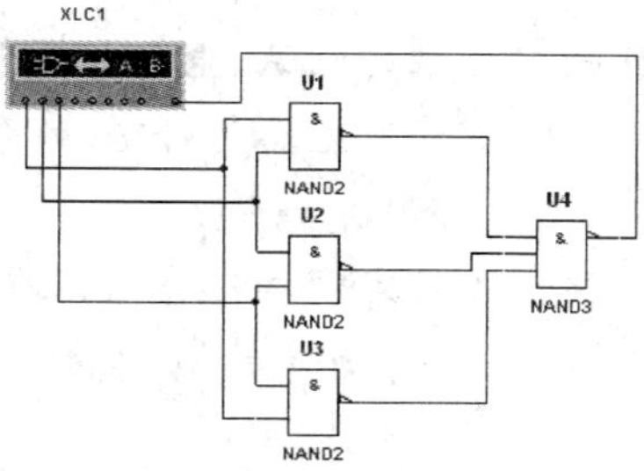

(a) 电路图

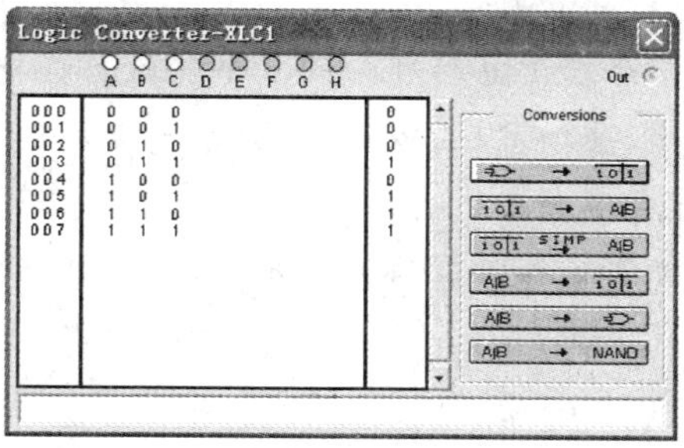

(b) 真值表

图 3-35　需要转换的电路及转换后的真值表

3. 从真值表导出逻辑表达式

(1) 根据输入端的个数用鼠标单击逻辑转换仪面板顶部输入端的小圆圈，选定输入信号(由 A 到 H)。

(2) 选定输入信号后，真值表区将自动出现输入信号的所有组合，而真值表区右端输出列全部显示为“?”。

(3) 鼠标单击“?”，可以在“0”，“1”，“X”之间切换，根据实际要求修改真值表的输出值 0，1 和 X(不定)。

(4) 单击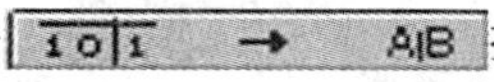按钮(真值表→表达式)，在面板底部逻辑表达式栏出现相应的逻辑表达式，表达式中的“ ′ ”表示逻辑变量“非”，如 A′表示 A 非。

(5) 单击按钮(真值表→简化表达式)，可获得简化逻辑表达式，经过转换后的简化表达式如图 3-36 所示。

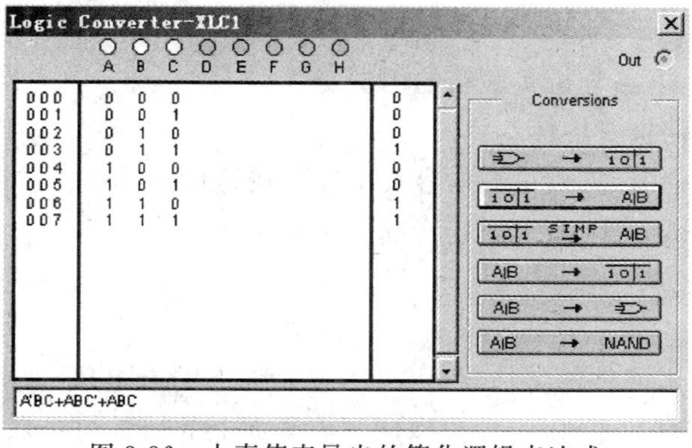

图 3-36　由真值表导出的简化逻辑表达式

第4章　电路部分基本实验

【内容简介】

本章介绍了电路部分的6个实验。其中包括元件伏安特性的测试、电位的测量和基尔霍夫定律、叠加定理、戴维南定理、一阶动态电路的测试、*RLC* 串联电路的研究(频率特性)。

【重点难点】

熟练掌握各种仪器的使用方法、电路的测试方法,验证各种定理和定律的正确性,按照要求完成实验。

实验1　元件伏安特性的测试

一、实验目的

(1) 熟悉万用表和电路分析实验箱的使用方法。

(2) 掌握线性电阻、非线性电阻元件伏安特性的测试方法。

二、实验仪器

电路分析实验箱、万用表。

三、实验预习要求

(1) 查找万用表,电路分析实验箱的用法。

(2) 复习电阻元件伏安特性。

(3) 按照本实验中"计算机仿真内容及步骤",在计算机上预先进行仿真实验。

四、实验原理

任何一个二端电阻元件的特性,均可以用该元件上的端电压 U 与通过该元件的电流 I 之间的函数关系 $U=f(I)$来表示,即可以用 U-I 平面上的一条曲线来表征,这条曲线称为该电阻元件的伏安特性曲线。根据伏安特性的不同,电阻元件分两大类:线性电阻元件和非线性电阻元件。

线性电阻元件的伏安特性曲线是一条通过坐标原点的直线，如图 4-1(a)所示，该直线的斜率只由电阻元件的电阻值 R 来决定，而且其阻值为常数，与元件两端的电压 U 和通过该元件的电流 I 无关。

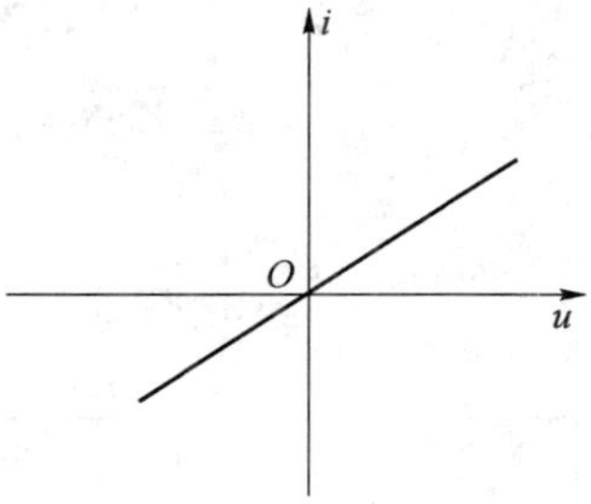

(a) 线性电阻伏安特性

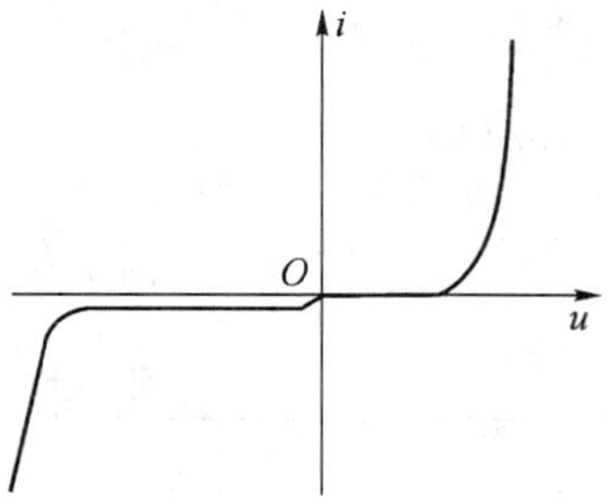

(b) 非线性电阻伏安特性

图 4-1　元件的伏安特性

非线性电阻元件的伏安特性是一条经过坐标原点的曲线，在不同的电压作用下，电阻值是不同的，即其阻值 R 不是常数。半导体二极管是一种典型的非线性电阻元件，它的阻值随电流的变化而变化。半导体二极管的伏安特性曲线对于坐标原点是不对称的，如图 4-1(b)所示。因此，半导体二极管的电阻值随着端电压的大小和极性的不同而不同，当给二极管加正向电压时，二极管的电阻值很小，反之二极管的电阻值很大。

一般的半导体二极管正向压降很小(锗管为 0.2～0.3 V，硅管为 0.5～0.7 V)。当二极管两端的正向电压增大到一定程度时，正向电流随正向电压的升高而急骤上升，而反向电压从零一直增加到十几伏甚至几十伏时，其反向电流增加很小，粗略地可视为零。可见，二极管具有单向导电性，但反向电压加得过高，超过管子的极限值，则会导致管子击穿损坏。

测试元件的伏安特性曲线，通常采用逐点测试法，即在不同的端电压作用下，测量出相应的电流值，然后用描点连线的方法逐点绘制出伏安特性曲线，根据伏安特性曲线便可以计算其不同电压下的电阻值。

五、实验内容与步骤

1. 测量电阻值

用电阻箱按照表 4-1 取 5 个不同的电阻值，用万用表的电阻挡测量其电阻值，比较各电阻的标准值和测量值，并将计算误差数值填入表 4-1 中。

表 4-1　电阻值测量

电阻	R_1	R_2	R_3	R_4	R_5
标准值/Ω	100	670	1k	10k	100k
测量值/Ω					
误差/(%)					

2. 测定线性电阻的伏安特性

按照图 4-2 连接电路，图中的电源 U_S 选用可调稳压电源输出端，通过直流电流表与 2 kΩ

线性电阻相连，电阻两端的电压用直流电压表测量。调节恒压源可以调稳压电源的输出电压，从 0 V 开始缓慢地增加(不能超过 10 V)，在表 4-2 中记下相应的电压表和电流表的读数。

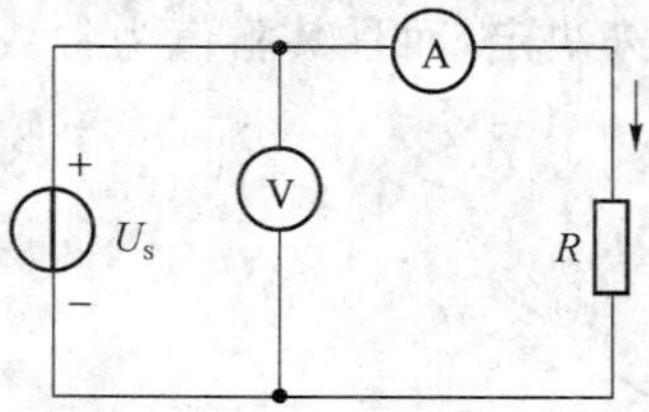

图 4-2　测量电阻伏安特性电路

表 4-2　线性电阻伏安特性测试

U/V	0	2	4	6	8	10
I/mA						

3. 测定半导体二极管的伏安特性

选用 2Ck 型普通半导体二极管作为被测元件，按照图 4-3 连接电路，其中图 4-3(a)用来测量二极管的正向特性，图 4-3(b)用来测量二极管的反向特性。图中 R 为限流电阻，取 200 Ω，用于保护二极管。

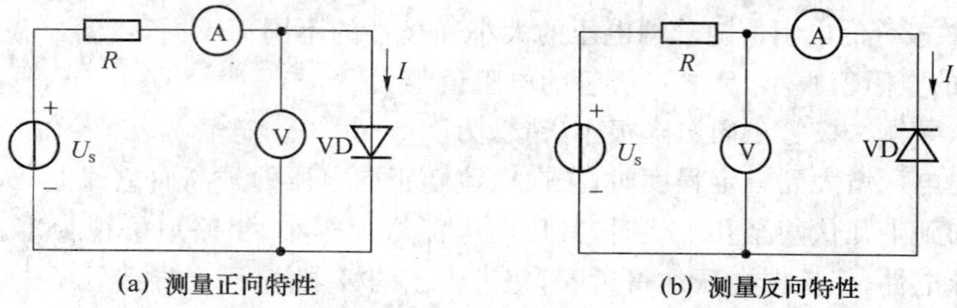

图 4-3　半导体二极管的伏安特性测量电路

(1) 正向特性

按照图 4-3(a)连线，检查无误后，开启直流稳压电源，调节输出电压，使电流表读数分别为表中的数值，对于表 4-3 中的每一个电流值，测量出对应的电压值，将测得的数据填入表 4-3 中。(测量二极管的正向特性时，其正向电流不能太大。)

表 4-3　二极管正向特性

I/mA	0	0.02	0.1	0.5	1	3	6	10	15
U/V									

(2) 反向特性

按照图 4-3(b)连线，检查无误后开启直流稳压电源。测量反向特性时，调节可调输出电压 U，从 0 V 开始缓慢地增加(不能超过 10 V)，按照表 4-4 中给出的数据进行测量，并将测量结果填入表 4-4 中。

表 4-4　二极管反向特性

U/V	0	0.3	0.6	1	5
I/mA					

4. 实验注意事项

测量二极管正向特性时，稳压电源输出应该由小至大逐渐增加，而且应该时刻注意电流表读数不得超过 50 mA。

六、计算机仿真内容及步骤

1. 测量线性电阻的伏安特性

建立电路如图 4-4 所示，其中电流表和电压表选用的是基本元件库指示部件中的直流电流表与电压表。设置电压表和电流表为直流方式。图 4-4 中，当电压源为 4 V 时，电压表和电流表的读数分别为 4 V 和 2.004 mA，调节电压源使其分别取值为 0 V，2 V，6 V，8 V，10 V，分别记下相应的电压表和电流表的读数并记入表 4-2 中。

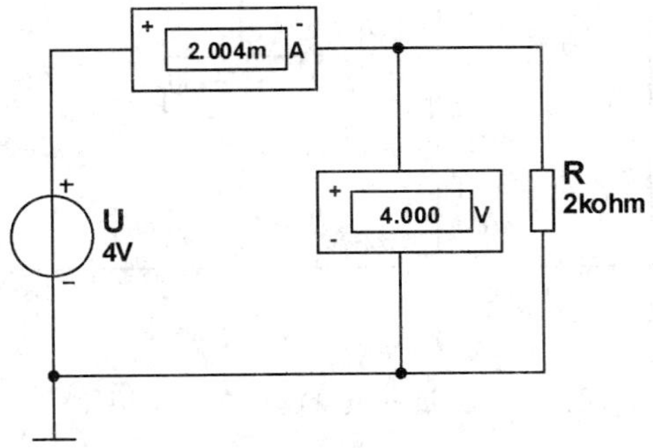

图 4-4　测量线性电阻伏安特性

2. 测量二极管的伏安特性

(1) 正向伏安特性

搭建如图 4-5 所示电路，按 a 键或 Shift＋a 键可改变电位器 R_W 的大小，先将电位器的百分数调为 0%，再逐渐增加百分数，从而可改变加在二极管两端正向电压的大小。启动仿真开关，将测量的结果依次填入表 4-5 中。

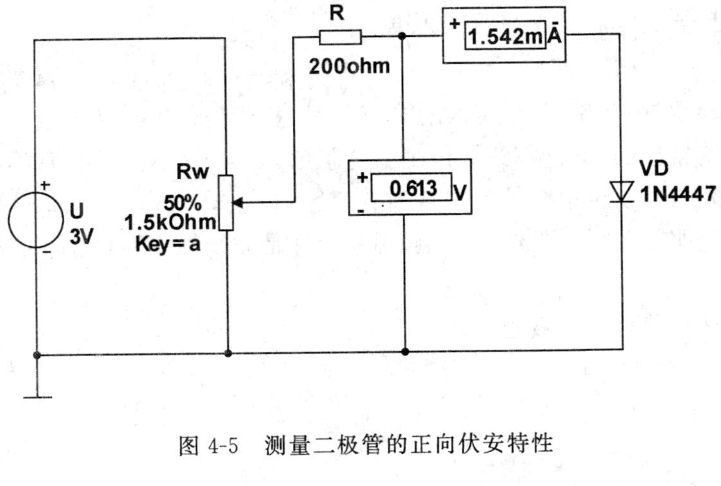

图 4-5　测量二极管的正向伏安特性

表 4-5　正向伏安特性测试结果

R_W	10%	20%	30%	50%	70%	90%	100%
U_D/V							
I_D/mA							
R_D/Ω							

（2）测量二极管的反向伏安特性

按图 4-6 连接电路。改变 R_W 的百分比，启动仿真开关，将测量的结果依次填入表 4-6 中。

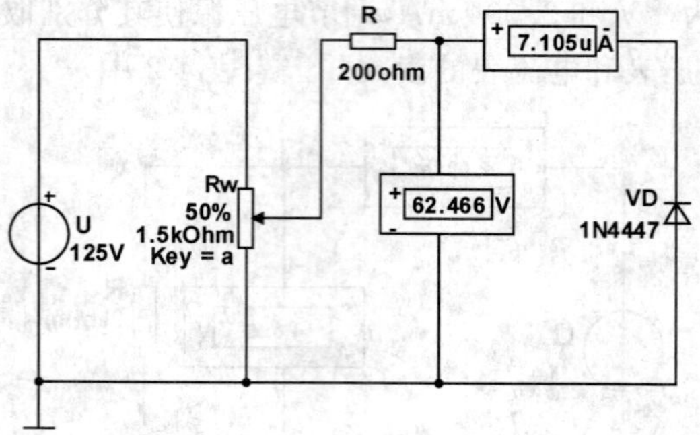

图 4-6　测量二极管的反向伏安特性

表 4-6　反向伏安特性测试结果

R_W	10%	40%	60%	80%	85%	90%	100%
U_D/V							
I_D/mA							
R_D/Ω							

七、实验报告与思考题

（1）整理实验数据，分别在纸上绘制出电阻和二极管的伏安特性曲线。

（2）根据伏安特性曲线，计算线性电阻的电阻值，并且与实际电阻值（标称值）比较。

（3）线性电阻与非线性电阻的伏安特性有何区别？

（4）请举例说明哪些元件是线性电阻，哪些元件是非线性电阻，它们的伏安特性曲线是什么形状？

（5）稳压二极管与普通二极管有什么区别？

实验 2　电位的测量和基尔霍夫定律

一、实验目的

(1) 验证基尔霍夫定律的正确性,加深对基尔霍夫定律的理解。

(2) 学会用电流表测量各支路电流。

(3) 学会测量电路中的电位。

(4) 加深对电流、电压参考方向的理解。

二、实验仪器

电路分析实验箱、万用表。

三、实验预习要求

(1) 基尔霍夫定律和电位的概念。

(2) 计算出实验要求的所有理论值,记入各表中,以便实验测量时,可以正确地选定电流表和电压表的量程。

(3) 按照本实验中"计算机仿真内容及步骤",在计算机上预先进行仿真实验。

四、实验原理

一个电路的结构不变,构成电路的每一个元件参数不变,电路运行的状态就不会变化。这说明电路的运行,有自身应遵循的规律,了解并掌握这些规律,我们就能够应用这些规律分析、计算电路。本次实验验证的就是基尔霍夫定律。基尔霍夫定律有两个:基尔霍夫电流定律和基尔霍夫电压定律。

基尔霍夫定律是电路分析过程中应用的主要定律之一。其中基尔霍夫电流定律应用于电路中的任意一个结点;基尔霍夫电压定律应用于电路中的任意一个闭合回路。实验中需要测量给定电路的各支路电流以及每个元件两端的电压,然后验证能否满足基尔霍夫电流定律或基尔霍夫电压定律。

基尔霍夫电流定律也称做基尔霍夫第一定律,简称 KCL。具体内容是:在任一时刻,在电路的任一节点上,所有支路电流的代数和恒等于零,即 $\sum I=0$。同时规定流出节点的电流前面取"+"号,流入节点的电流前面取"-"号(也可以作相反的规定)。而电流是流入节点还是流出节点,按照应用基尔霍夫定律之前所假设的参考方向来确定。

基尔霍夫电压定律也称做基尔霍夫第二定律,简称 KVL。定律内容如下:在任一时刻,沿电路中任一闭合回路各段电压的代数和恒等于零，即 $\sum U=0$。列方程之前，首先选定各元件(或支路)两端电压的参考方向和选定回路的绕行方向。凡是元件(或支路)的参考方向与绕行方向一致时，该电压取"+"号，否则取"−"号。

电位的概念是：在电路中任意选择一点作为参考点，则某一点 a 到参考点之间的电压就称做 a 点的电位。参考点可以任意选定，但是一经选定了参考点，电路中各点的电位也就确定了，选择的参考点不同，电路中各点的电位也不同。但是任意两点之间的电压不会改变。

五、实验内容与步骤

1. 验证基尔霍夫电流定律

给定电路如图 4-7 所示。本电路有两个节点、三条支路、三个回路、两个网孔。

(1) 实验前先任意选定每条支路电流的参考方向(可以参考图中的 I_1，I_2，I_3 的方向设定)。

(2) 按照图 4-7 连好电路，其中 $R_1=1\ \text{k}\Omega$，$R_2=1\ \text{k}\Omega$，$R_3=1\ \text{k}\Omega$。

(3) 分别将两路直流稳压电源接入电路，其中 $U_1=6\ \text{V}$，$U_2=12\ \text{V}$。

(4) 检查电路无误后，打开电源。

(5) 将万用表拨到直流电流挡以后，串联在电路中，表笔分别接入三条支路的相应点，将电流表的读数记录下来，并填入表 4-7 中。(注意：电流表的正、负极与电流的参考方向。)

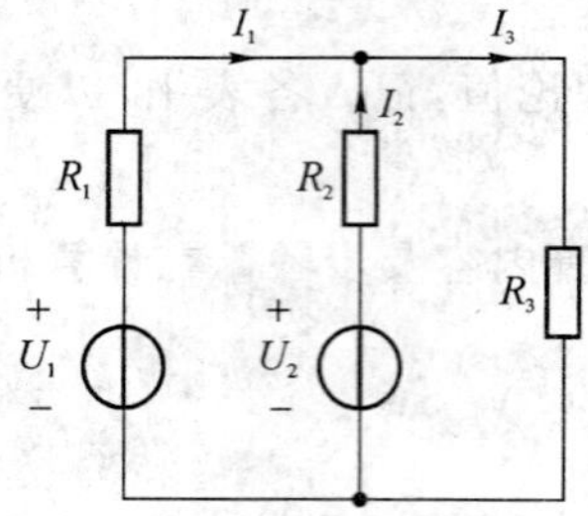

图 4-7 验证基尔霍夫定律电路

表 4-7 基尔霍夫电流定律

被测量	I_1/mA	I_2/mA	I_3/mA	$\sum I$
计算值				
测量值				
相对误差				

2. 验证基尔霍夫电压定律

(1) 实验前先任意选定每个回路的绕行方向(建议假设均为顺时针或均为逆时针，这样假设可以给分析电路带来一定的方便)。

(2) 按照图 4-7 连好电路，其中 $R_1=1\ \text{k}\Omega$，$R_2=1\ \text{k}\Omega$，$R_3=1\ \text{k}\Omega$。

(3) 分别将两路直流稳压电源接入电路，其中 $U_1=6\ \text{V}$，$U_2=12\ \text{V}$。

(4) 检查电路无误后，打开电源。

(5) 将万用表拨到直流电压挡以后,用万用表分别测量每一个元件两端的电压,将测得的电压值填入表 4-8 中。(注意:电压表的正、负极。)

表 4-8　基尔霍夫电压定律

被测量	U_{R1}/V	U_{R2}/V	U_{R3}/V	ΣU(左)	ΣU(右)
计算值					
测量值					
相对误差					

3. 电位的测量

按照图 4-8 连好电路,其中 $R_1=1\ \text{k}\Omega$,$R_2=2\ \text{k}\Omega$,$R_3=1\ \text{k}\Omega$,$R_4=1\ \text{k}\Omega$,直流稳压电源 U_S 调至 5 V。

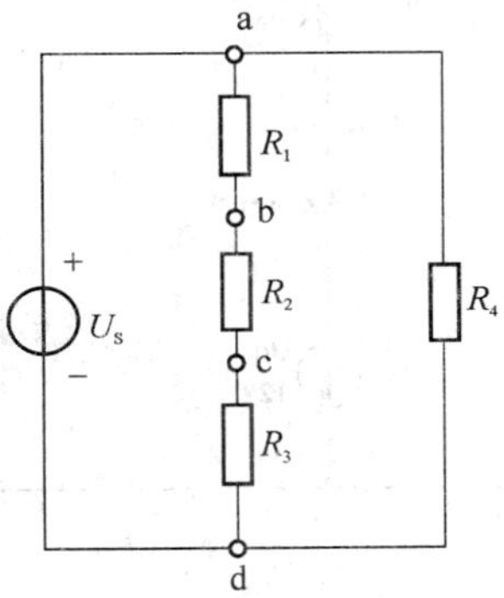

图 4-8　电位测量电路

(1) 选定 d 点为参考点,分别测量 a,b,c 各点的电位,将测量结果填入表 4-9 中。

(2) 选定 c 点为参考点,分别测量 a,b,d 各点的电位,将测量结果填入表 4-9 中。

(3) 选定 b 点为参考点,分别测量 a,c,d 各点的电位,将测量结果填入表 4-9 中。

(4) 选定 a 点为参考点,分别测量 b,c,d 各点的电位,将测量结果填入表 4-9 中。

表 4-9　电位的测量

参考点	V_a/V	V_b/V	V_c/V	V_d/V
d				
c				
b				
a				

4. 实验注意事项

(1) 电流表串联在电路中使用。

(2) 所有需要测量的电压值,均以电压表测量的读数为准。

(3) U_1 和 U_2 也需测量以后,再接入电路中。

(4) 注意数据的正、负,即电流、电压的方向。

(5) 用指针式电压表或电流表测量电压或电流时,如果仪表指针反偏,则必须调换仪表极性，重新测量。如果指针正偏，才可以读得电压或电流的数值。

六、计算机仿真内容及步骤

1. 验证基尔霍夫电流定律

（1）建立电路如图 4-9 所示。其中 $R_1=R_2=R_3=1\ \text{k}\Omega$，电流表 A 位于 Multisim 2001 的指示元件库(Indicators)中。注意电流表的正、负极与电流的方向。

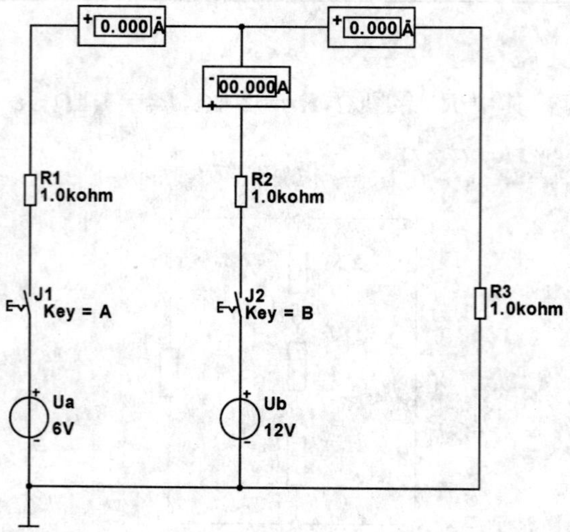

图 4-9　验证基尔霍夫电流定律仿真电路

（2）检查电路无误后，闭合开关 J_1 和 J_2，运行仿真开关，记录电流表的读数并填入表 4-7 中。

2. 验证基尔霍夫电压定律

（1）建立电路如图 4-10 所示。其中电压表 V 位于 Multisim 2001 的指示元件库(Indicators)中。

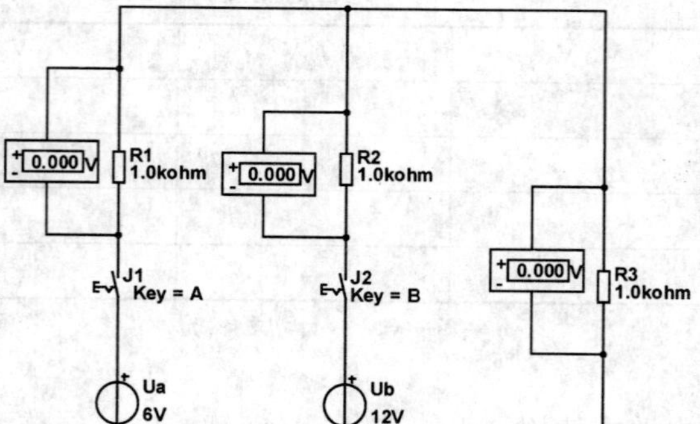

图 4-10　验证基尔霍夫电压定律仿真电路

（2）检查电路无误后，闭合开关 J_1 和 J_2，运行仿真开关，记录电流表的读数并填入表 4-8 中。

3. 电位的测量

建立如图 4-11 所示电路，其中 $R_1=1\ \mathrm{k\Omega}$，$R_2=2\ \mathrm{k\Omega}$，$R_3=1\ \mathrm{k\Omega}$，$R_4=1\ \mathrm{k\Omega}$，直流稳压电源输出为 5 V。

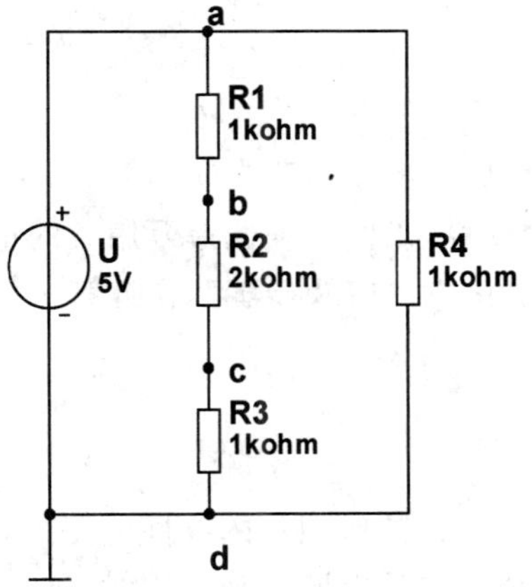

图 4-11　电位的测量仿真电路

(1) 选定 d 点为参考点，利用电压表分别测量 a，b，c 各点的电位，即将电压表的负极接到 d 点，正极分别接到 a，b，c 点，将测量结果填入表 4-9 中。

(2) 同上，选定 c 点为参考点，分别测量 a，b，d 各点的电位，将测量结果填入表 4-9 中。

(3) 选定 b 点为参考点，分别测量 a，c，d 各点的电位，将测量结果填入表 4-9 中。

(4) 选定 a 点为参考点，分别测量 b，c，d 各点的电位，将测量结果填入表 4-9 中。

七、实验报告与思考题

(1) 根据实验数据，选定任一节点，验证 KCL 的正确性。

(2) 根据实验数据，选定实验电路中的闭合回路，验证 KVL 的正确性。

(3) 实验中，若用指针式万用表直流电流挡测量各支路电流，在什么情况下可能出现指针反偏，应该如何处理？

(4) 电压与电位有什么不同？

实验 3　叠加定理

一、实验目的

(1) 验证叠加定理。

(2) 了解叠加定理的应用。

二、实验仪器

电路分析实验箱、万用表。

三、实验预习要求

(1) 叠加定理的内容以及电压、电流参考方向的意义。

(2) 进行电路参数的理论计算,以便正确选择万用表的量程。

(3) 按照本实验中"计算机仿真内容及步骤",在计算机上预先进行仿真实验。

四、实验原理

叠加定理指出:在有多个电源共同作用下的线性电路中,通过每一个元件的电流或其两端的电压,可以看成是由每一个独立的电源单独作用时,流过该元件的电流或在该元件上所产生的电压的代数和。具体方法是:某一个独立电源单独作用时,其他的电源均必须去掉(电压源短路,电流源开路),分别求出对应的电流分量和电压分量,然后将所有的分量进行叠加。需要注意的是:求电流或电压的代数和,当电源单独作用,电流或电压的参考方向与共同作用时的参考方向一致时,对应的电流分量和电压分量取正号,否则取负号。例如,在图 4-12 中,图(a)为两个电源共同作用电路,图(b)为只有电源 U_1 单独作用于电路,图(c)为只有电源 U_2 单独作用于电路。由各个电流的参考方向可以得出:

$$I_1=I_1'-I_1'',I_2=-I_2'+I_2'',I_3=I_3'+I_3''$$

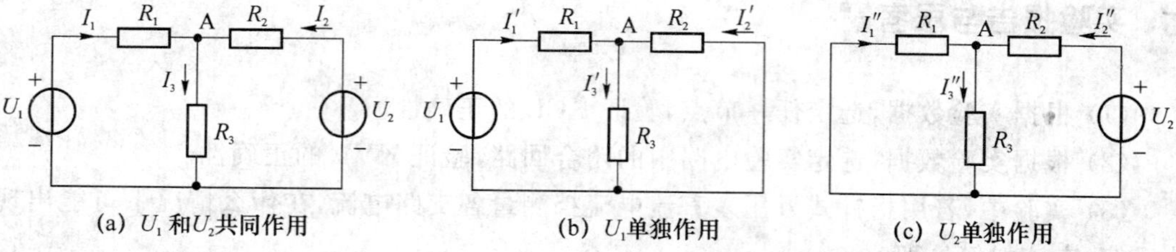

图 4-12　各电流的参考方向

应用叠加定理时,必须注意以下几点:

(1) 叠加定理只能计算线性电路的电流和电压。

(2) 某个电源单独作用时,其他电源不起作用,即其他的独立电压源的电压值为零(短路,但要保留内阻),其他的独立电流源电流值为零(开路,但要保留内阻)。其他元件的连接方式不应该有变动。

(3) 当各分量的电流(或电压)参考方向与待求的电流(或电压)方向相同时取正号,否则取负号。

(4) 叠加定理只能用来求电流(或电压),不能用来求功率。

五、实验内容与步骤

实验电路如图 4-13 所示，其中 $R_1=1\ \text{k}\Omega$，$R_2=1\ \text{k}\Omega$，$R_3=1\ \text{k}\Omega$，$U_1=12\ \text{V}$，$U_2=6\ \text{V}$。

(1) 将两路直流稳压电源的输出分别调节为 12 V 和 6 V。

(2) 按照图 4-13 连接电路。

(3) 令 U_1 电源单独作用。用直流电压表和电流表测量各支路电流及各电阻元件两端的电压，将测得的数据填入表 4-10 中。

(4) 令 U_2 电源单独作用。用直流电压表和电流表测量各支路电流及各电阻元件两端的电压，将测得的数据填入表 4-10 中。

(5) 令 U_1 和 U_2 电源共同作用。用直流电压表和电流表测量各支路电流及各电阻元件两端的电压，将测得的数据填入表 4-10 中。

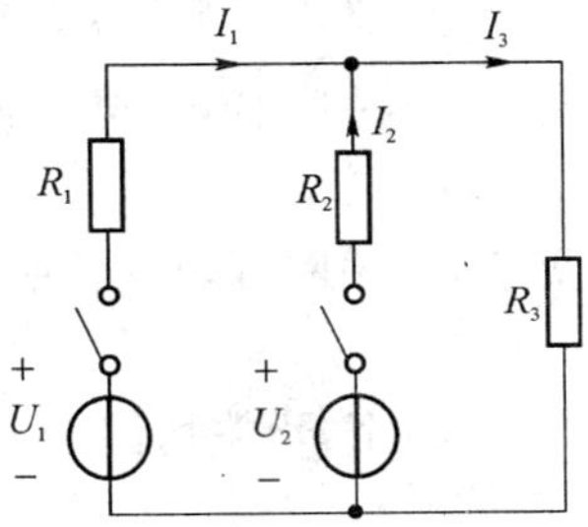

图 4-13　叠加定理

表 4-10　验证叠加定理($U_1=12$ V,$U_2=6$ V)

实验内容 \ 测量项目	U_1/V	U_2/V	I_1/mA	I_2/mA	I_3/mA	U_{R1}/V	U_{R2}/V	U_{R3}/V
U_1 单独作用	12	0						
U_2 单独作用	0	6						
U_1 和 U_2 共同作用	12	6						

实验注意事项：

(1) 用电流表测量各支路电流时，应该注意仪表的极性，以及数据表格中“+”、“−”号的记录。

(2) 用直流电压表测量各电阻元件两端电压时，电压表的红表笔(正)应该接到被测电阻元件电压参考方向的正端，电压表的黑表笔(负)接到电阻元件的另一端(电阻元件电压参考方向与电流参考方向一致)，测量各电阻元件两端电压。

六、计算机仿真内容及步骤

(1) 建立电路如图 4-14 所示。

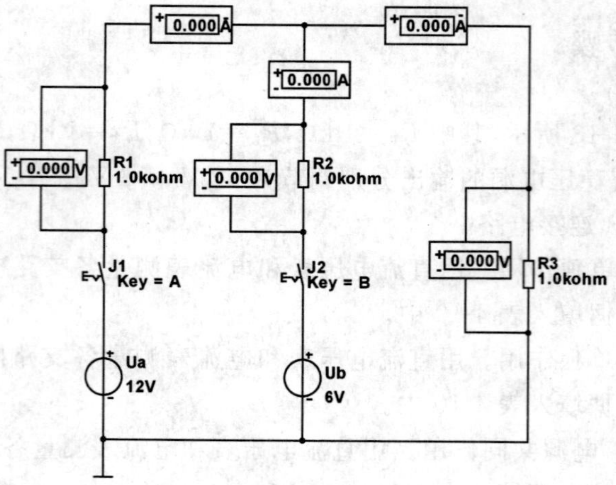

图 4-14　叠加定理仿真电路

(2) 令 U_1 电压源单独作用(即 J_1 开关闭合,J_2 开关断开),运行仿真开关,将测得的数据填入表 4-10 中。

(3) 令 U_2 电压源单独作用(即 J_1 开关断开,J_2 开关闭合),运行仿真开关,将测得的数据填入表 4-10 中。

(4) 令 U_1 和 U_2 同时作用(即 J_1 和 J_2 开关均闭合),运行仿真开关,将测得的数据填入表 4-10 中。

七、实验报告与思考题

(1) 根据表 4-10 实验数据,通过理论计算各支路电流和各电阻元件两端电压,验证线性电路的叠加性。

(2) 根据表 4-10 实验数据的比较,你可以得出什么结论?

实验 4　戴维南定理

一、实验目的

(1) 验证戴维南定理,加深对该定理的理解。

(2) 掌握测量有源二端网络等效参数的一般方法。

(3) 验证功率传输最大条件。

二、实验仪器

电路分析实验箱、万用表。

三、实验预习要求

(1) 戴维南定理的内容及解题方法。

(2) 计算出给定实验电路的理论数据。

(3) 功率传输的最大条件。

(4) 按照本实验中“计算机仿真内容及步骤”，在计算机上预先进行仿真实验。

四、实验原理

1. 戴维南定理

任何一个线性有源二端网络，对于外电路而言，总可以用一个理想电压源和一个等效电阻串联的等效电路模型来代替，如图 4-15 所示。其中：理想电压源的电压等于原二端网络的开路电压 U_{OC}，其等效电阻等于网络中所有独立源为零时的等效电阻 R_0。

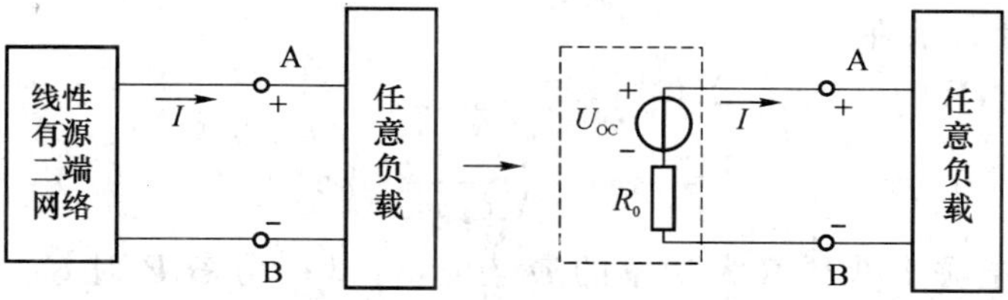

图 4-15　戴维南定理原理图

U_{OC} 和 R_0 称为有源二端网络的等效参数，U_{OC} 和 R_0 都可以通过实验的方法得到。

2. 等效电阻 R_0 的测量方法

对于已知的线性有源二端网络，等效电阻 R_0 可以从原网络计算得出，也可以用实验的方法测量得出。下面介绍几种测量方法。

(1) 开路电压、短路电流法测 R_0

只要在有源二端网络输出端测出开路电压 U_{OC} 和短路电流 I_{SC} 即可，根据公式 $R_0=\dfrac{U_{OC}}{I_{SC}}$，则 R_0 就可计算得出。

注意： 这种方法最简单，但如果二端网络的内阻很小，若将其输出端口短路则易损坏其内部元件，因此这种方法只适用等效电阻 R_0 较大，而短路电流不超过额定值的电路，否则有损坏电源的危险。

(2) 外加电压法测 R_0

将有源二端网络中的所有独立电源去掉，变成无源二端网络，在其输出端口外加一个已知的电压 U，然后测量该端口的总电流 I，则等效电阻 R_0 可以通过公式 $R_0=\dfrac{U}{I}$ 求出。

注意： 由于实际的电流源，电压源都具有一定的内阻，它并不能与电源分开，因此去掉电源的同时也将其电源内阻去掉了，这将影响测量精度。因此，这种方法只适用于电压源内阻较小或电流源内阻较大的情况。

(3) 半电压法测 R_0

如图 4-16 所示，先测出有源二端网络的开路电压 U_{OC} 以后，在端口处接一可调负载，当负载电压为被测网络开路电压的一半时(即调 R_4 阻值使负载电压为开路电压的一半)，负载电阻的阻值就是被测有源二端网络的等效内阻值 R_0。

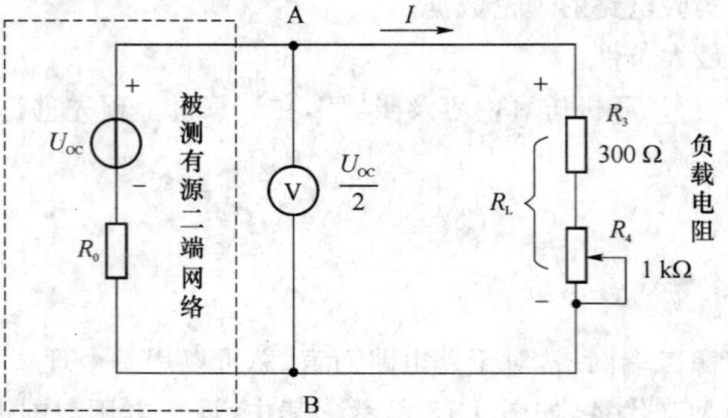

图 4-16　半电压法测量内阻 R_0

3. 功率传输最大条件

一个含有内阻 R_0 的电源给 R_L 供电，其功率为

$$P=I^2R_L=\left(\frac{U_S}{R_L+R_0}\right)^2R_L$$

为求得 R_L 从电源中获得最大功率的最佳值，可以将功率 P 对 R_L 求导，并令其导数为 0：

$$\frac{dP}{dR_L}=\frac{(R_0+R_L)^2-2(R_0+R_L)R_L}{(R_0+R_L)^4}U_S^2$$

$$=\frac{R_0^2-R_L^2}{(R_0+R_L)^4}U_S^2=0$$

解得

$$R_L=R_0$$

得最大功率：

$$P_{max}=\left(\frac{U_S}{R_0+R_L}\right)^2R_L=\frac{U_S^2}{4R_0}$$

即负载电阻 R_L 从电源中获得最大功率条件是负载电阻 R_L 等于电源内阻 R_0。

五、实验内容与步骤

1. 开路电压 R_L 的测量

被测有源二端网络电路原理如图 4-17(a)所示，其中 $U_1=12$ V，$U_2=6$ V，$R_1=1$ kΩ，$R_2=1$ kΩ，$R_3=300$ Ω，R_4 是 1 kΩ 的可变电阻，负载电阻 $R_L=R_3+R_4$。

在图 4-17(b)电路中，负载电阻 R_L 断开，得到有源二端网络。在 A 和 B 两端用电压表测量电压，此时的电压值即为开路电压 U_{OC}。

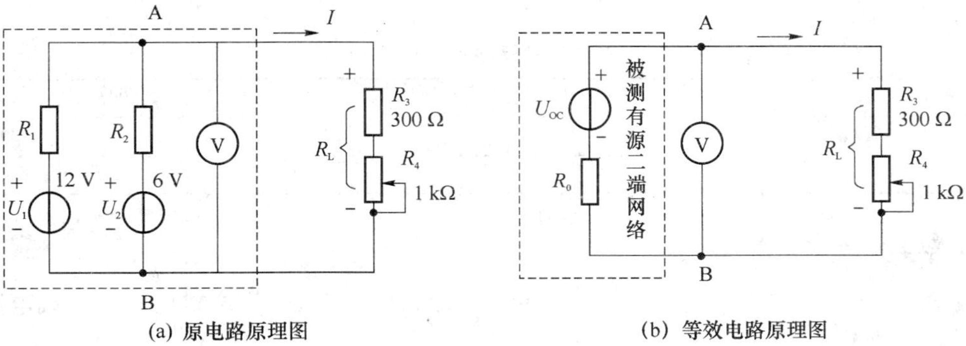

图 4-17　有源二端网络等效参数的测量

2. 等效电阻的测量

实验原理中介绍的三种方法都能够测量出等效电阻 R_0，本次实验采用其中的两种方法分别测试。

(1) 有源二端网络等效参数的测量方法之一——开路电压、短路电流法求 R_0

按照图 4-17(a)连接电路，但 A 和 B 端先不接入负载电阻 R_L，在有源二端网络输出(A 和 B)端，用万用表的电压挡直接测量其输出的电压即为开路电压 U_{OC}。再用万用表的电流挡(注意电流表的极性)直接测出输出端的短路电流 I_{SC}，即将电流表直接连接在 A 和 B 两端，得出电压和电流值带入公式 $R_0=\frac{U_{OC}}{I_{SC}}$，计算出等效电阻。将测量数据填入表 4-11 中。

(2) 有源二端网络等效参数的测量方法之二——半电压法测量 R_0

按图 4-17(a)接入负载电阻 R_L(即 R_3 和 R_4)。改变可调电阻 R_4 阻值，使其负载电阻 R_L 两端电压等于开路电压 U_{OC}的一半，电阻 R_L 的阻值即为等效内阻 R_0 的值，结果记录于表 4-11 中。

表 4-11　有源二端网络等效参数的测量

	U_{OC}/V	I_{SC}/mA	R_0/Ω
理论值			
方法一			
方法二			

3. 测量有源二端网络的外特性

(1) 原电路伏安特性：按照图 4-17(a)连接电路，改变 R_4 阻值，即在不同负载的情况下，测量出相应的负载电压和流过负载的电流。有源二端网络的电压随着电流的变化而变化的规律就是有源二端网络的外特性。按照表 4-12 给出的负载电阻 R_L 的数值测量，将测量数据填入表 4-12 中。

表 4-12　有源二端网络的外特性(原电路)

R_L/Ω	1 500	1 400	1 200	1 000	680	500	300
U/V							
I/mA							

(2) 戴维南等效电路伏安特性：按照图 4-17(b)连接电路，改变 R_4 阻值，即在不同负载的情况下，测量出相应的负载电压和流过负载的电流，按照表 4-13 给出的负载电阻 R_L 的

数值测量，将测量数据填入表 4-13 中。

表 4-13　有源二端网络的外特性(等效电路)

R_L/Ω	1 500	1 400	1 200	1 000	680	500	300
U/V							
I/mA							

4. 最大功率传输条件

根据表 4-13 中的数据代入公式 $P_{max}=\dfrac{U_S^2}{4R_0}$ 计算出功率值，并绘制功率随负载电阻 R_L 变化的曲线，观察曲线，验证出最大功率传输条件是否正确。

六、计算机仿真内容与步骤

1. 开路电压的仿真测试

在仿真界面建立如图 4-18 所示电路，在元件库选择直流电源、电阻，电源电压输出分别设置为 12 V 和 6 V，阻值的大小按图 4-18 进行设置：在仪器库选择“XMM1”，双击“XMM1”，设置为直流电压状态，打开仿真按钮开关，即可显示测试开路电压 U_{OC} 结果，其数值和实验测试结果进行比较。

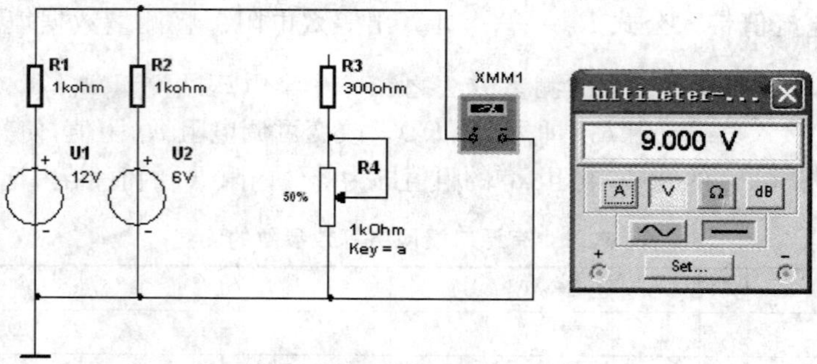

图 4-18　开路电压的测试

2. 等效内阻的仿真测试

等效内阻的测试，采用实验内容等效电阻测量方法一进行仿真测试。在仿真界面建立如图 4-19 所示电路，双击“XMM1”，设置为直流电流状态，打开仿真开关，即可显示测试的短路电流值 I_{SC}，代入公式 $R_0=U_{OC}/I_{SC}$，即可测试出等效内阻 R_0。

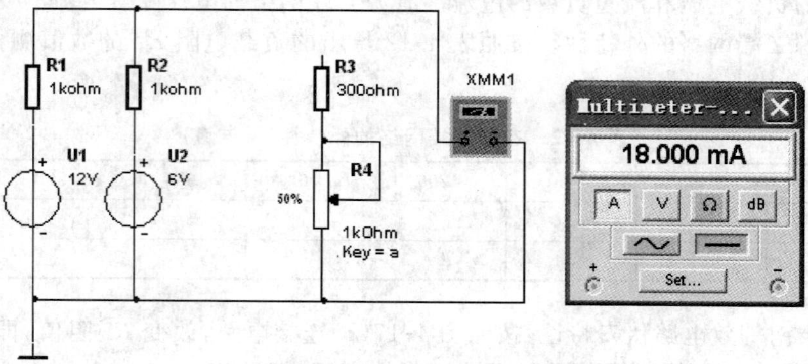

图 4-19　等效内阻的测试

3. 戴维南原电路伏安特性测试仿真电路

在仿真界面按图 4-20 连接电路，双击“XMM1”，设置为直流电流，双击“XMM2”，设置为直流电压，打开仿真按钮开关，按表 4-12 改变负载电阻 R_4 的值，观测读数，和表 4-12 数据进行比较，验证仿真电路的正确性。

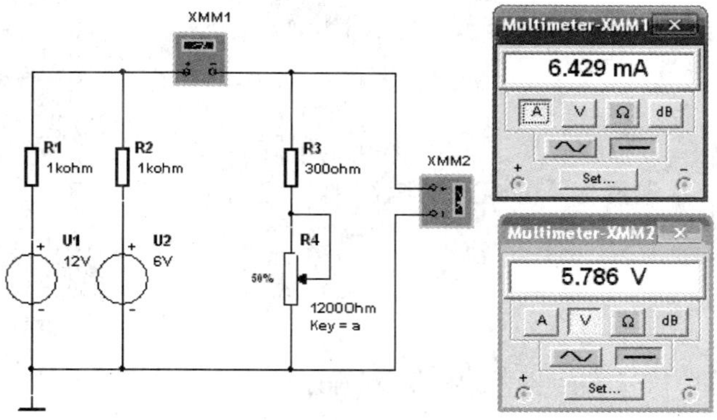

图 4-20　戴维南原电路伏安特性仿真测试

4. 戴维南等效电路

根据仿真测试的开路电压和等效内阻的值，在仿真界面建立如图 4-21 所示仿真电路，按表 4-13 改变负载电阻的值，观测电压和电流表的读数，并将仿真测试结果和表 4-13 进行比较，验证仿真电路的正确性。

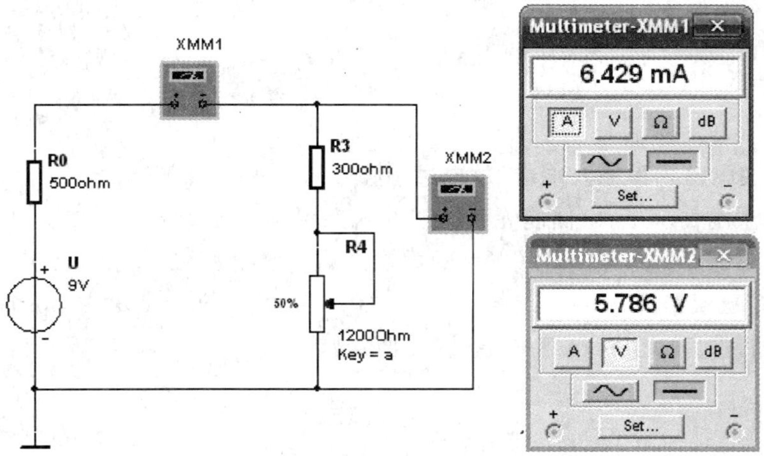

图 4-21　戴维南等效电路伏安特性仿真测试

七、实验报告与思考题

(1) 根据表 4-12 和表 4-13 测试数据，绘制有源二端网络的外特性曲线，进行戴维南定理的验证。

(2) 比较两种测量 R_0 方法的优缺点。

实验5　一阶动态电路的测试

一、实验目的

（1）研究一阶 RC 电路的阶跃响应和零输入相应。

（2）掌握用示波器观察 RC 电路的输出波形。

二、实验仪器

电路分析实验箱、信号发生器、万用表、双踪示波器。

三、实验预习要求

（1）RC 一阶电路的零输入响应。

（2）RC 一阶电路的零状态响应。

（3）信号发生器和示波器的使用方法。

（4）按照本实验中“计算机仿真内容及步骤”，在计算机上预先进行仿真实验。

四、实验原理

1. *RC* 串联电路的零输入响应（放电过程）

电路在无激励情况下，由储能元件的初始状态引起的响应称为零输入相应。即电容的初始电压经电阻 R 放电。RC 串联电路的零输入响应如图4-22所示。开关K闭合于“1”的位置时，电容 C 已经被充好了电，电容电压 $u_C(0_-)=u_S$。当 $t=0$ 时刻，开关K由“1”扳到“2”的位置，进行换路，此时，电容 C 通过电阻 R 放电。

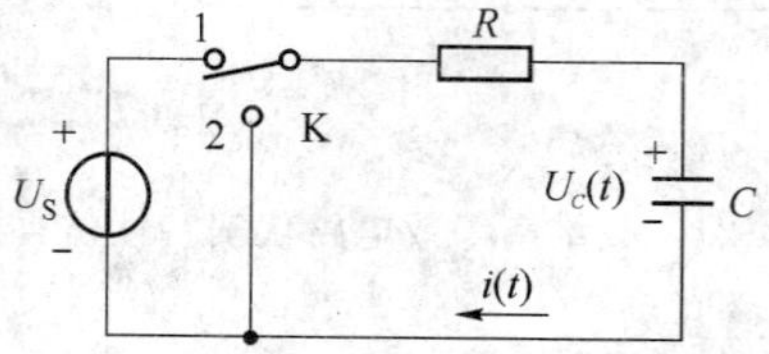

图4-22　RC 一阶电路

开关K闭合到“2”后，电容器放电方程由方程：

$$RC\frac{du_C}{dt}+u_C=0$$

可以得出电容器上的电压（单位为V）和电流（单位为A）随时间变化的规律：

$$u_C=U_S e^{-\frac{t}{RC}} \qquad (t\geqslant 0)$$

则
$$i_C=C\frac{\mathrm{d}u_C}{\mathrm{d}t}=-\frac{U_S}{R}\mathrm{e}^{-\frac{t}{RC}}\qquad (t\geqslant 0)$$

$$u_R=u_C=U_S\mathrm{e}^{-\frac{t}{RC}}\qquad (t\geqslant 0)$$

在 $t=0_+$ 时，电容电压最高，放电电流也最大。随着时间增大，电容电压和电流都逐渐减小，并衰减小到零。RC 电路放电过程所需时间，与时间常数 τ 有关（$\tau=RC$）。τ 越小，则放电时间越短，放电越快；τ 越大，则放电时间越长，放电越慢。所以，适当选用 R 和 C 的数值，即可以控制放电时间的长短。

2. RC 串联电路的零状态响应（充电过程）

一阶 RC 串联电路的零状态响应如图 4-22 所示，当 $t=0$ 时开关 K 由“2”的位置转到位置“1”，电源 U_S 开始经电阻向电容器充电。由方程：

$$RC\frac{\mathrm{d}u_C}{\mathrm{d}t}+u_C=U_S\qquad (t\geqslant 0)$$

又由初始条件：$t=0_+$ 时，$u_C(0_+)=0$，解得微分方程解为

$$u_C=U_S(1-\mathrm{e}^{-\frac{t}{RC}})\qquad (t\geqslant 0_+)$$

则
$$i_C=C\frac{\mathrm{d}u_C}{\mathrm{d}t}=\frac{U_S}{R}\mathrm{e}^{-\frac{t}{RC}}\qquad (t\geqslant 0_+)$$

由上式表明：开关 K 刚闭合（即 $t=0_+$）时，充电电流（单位为 A）最大，其值为 $\frac{U_S}{R}$，以后充电电流逐渐减小，最后衰减到零。电容电压 u_C（单位为 V）初始时值为零，以后电压值逐渐增大，最后达到稳定值 U_S。

一阶 RC 电路充电过程所需时间，即充电时间与 τ 有关。τ 越小，充电越快；τ 越大，充电越慢。通过改变 R 或 C 的数值，即可以改变充电时间。

五、实验内容和步骤

1. 观察电容器的充电与充电时间

按照图 4-23 连接电路。调节直流稳压电源，使其输出为 6 V，闭合开关 K_1，电源经过电阻 R 向电容 C 充电，依据表 4-14 内容，依次观察电压表的变化，记录充电时间，将观察到的结果填入表 4-14 中。

表 4-14　电容充电与充电时间

参数	测量值 τ/ms	理论 τ/ms
$R=10\ \mathrm{k\Omega}, C=220\ \mu\mathrm{F}$		
$R=50\ \mathrm{k\Omega}, C=220\ \mu\mathrm{F}$		
$R=100\ \mathrm{k\Omega}, C=220\ \mu\mathrm{F}$		
$R=50\ \mathrm{k\Omega}, C=470\ \mu\mathrm{F}$		
$R=100\ \mathrm{k\Omega}, C=470\ \mu\mathrm{F}$		

2. 观察电容器的放电和放电时间

实验电路如图 4-23 所示。调节直流稳压电源，使其输出为 6 V，$R=10\ \mathrm{k\Omega}$，$C=220\ \mu\mathrm{F}$，

首先闭合开关 K_1，使电容 C 充电到电源电压，然后断开开关 K_1，闭合开关 K_2，电容 C 通过电阻 R 放电，观察万用表上电压的变化情况，记录放电时间。改变电阻使 $R=50\ k\Omega$，$100\ k\Omega$，重复上述过程，观察放电时间的快慢，将结果填入表 4-15 中。

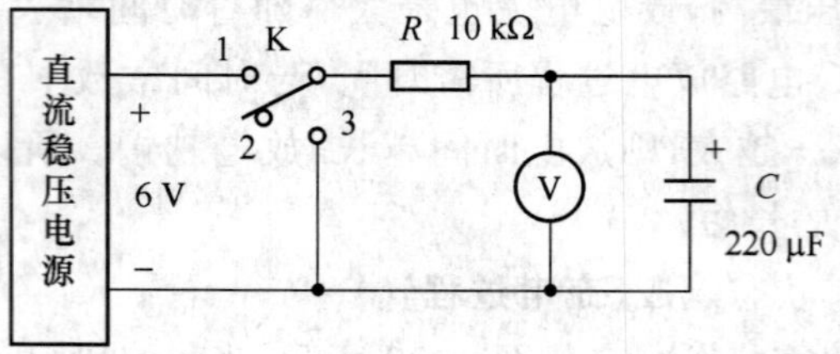

图 4-23　RC 充放电电路

表 4-15　电容放电与放电时间

参数	测量值 τ/ms	理论 τ/ms
$R=10\ k\Omega, C=220\ \mu F$		
$R=50\ k\Omega, C=220\ \mu F$		
$R=100\ k\Omega, C=220\ \mu F$		

3. 用示波器观察 RC 过渡过程 u_R 和 u_C 的波形

调节信号发生器，使之输出频率为 $f=1\ kHz$，$u_S=1\ V$ 的矩形脉冲序列信号，用示波器测出此矩形波 u_S 的周期 T、脉宽 t_P、脉冲幅度 U_m。

(1) 测电阻 R 两端电压波形 u_R。按照图 4-24 连接电路，$C=0.1\ \mu F$，$R=10\ k\Omega$。用示波器测出 R 两端电压波形 u_R，将波形绘入表 4-16 中。改变阻值 $R=10\ k\Omega$，用示波器观测 R 两端电压波形，将波形绘入表 4-16 中。

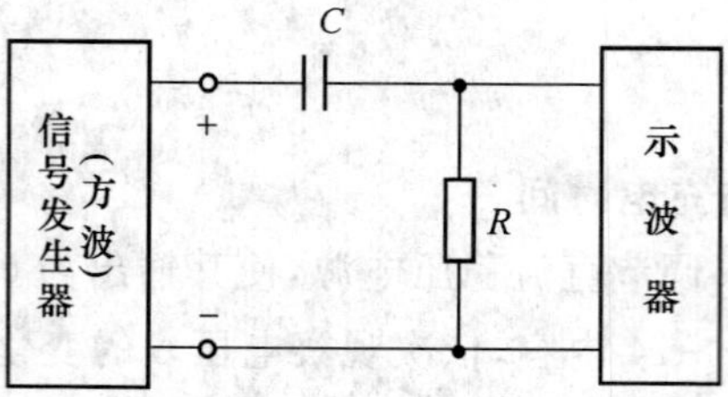

图 4-24　RC 电路的方波响应(一)

(2) 测电容 C 两端电压波形 u_C。按图 4-25 连接电路，$C=0.1\ \mu F$，$R=10\ k\Omega$。用示波器观测出电容 C 两端电压波形 u_C。通过绘制 u_S，u_R，u_C 对应的波形，进一步理解充、放电过程。

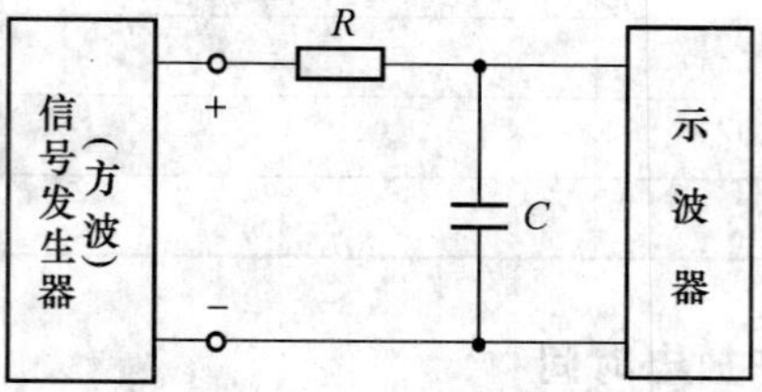

图 4-25　RC 电路的方波响应(二)

将观察到电容两端电压波形填入表 4-16 中。

表 4-16　输入和输出电压波形

输入 u_S 波形	输出 u_R 波形	输出 u_C 波形

六、计算机仿真内容与步骤

1. 电容器充电仿真电路测试

(1) 在仿真界面建立如图 4-26(a)所示的实验仿真电路，在仪器库选择信号发生器、双踪示波器。双击信号发生器设置频率为 1 kHz，幅值为 1 V 的方波信号。

(2) 单击仿真开关，激活仿真实验，双击示波器，观察和记录示波器 u_C 的仿真波形，如图 4-26(b)所示。

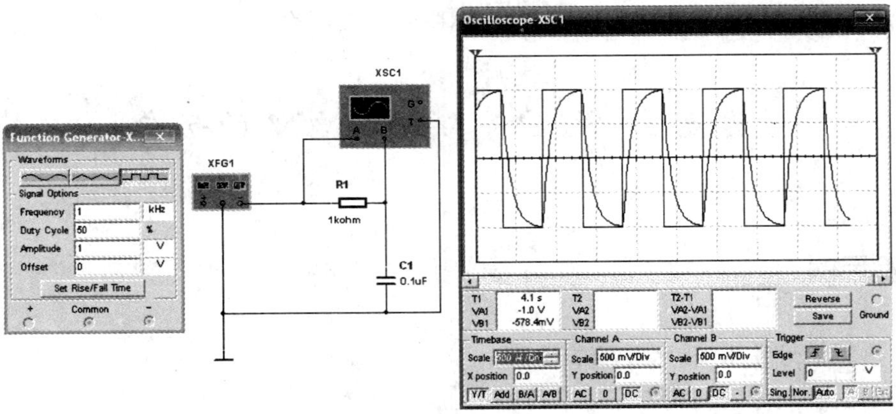

(a) 电容充电仿真电路原理图　　(b) 电容充电仿真波形图

图 4-26　电容器充电电压波形仿真电路图

2. 电容器放电仿真电路测试

(1) 在仿真界面建立如图 4-27(a)所示的实验仿真电路，在仪器库选择信号发生器、示波器，双击信号发生器频率设置为 1 kHz，幅值为 1 V 的方波信号。

(2) 单击仿真开关，双击示波器观察和记录 u_R 的仿真波形，仿真波形如图 4-27(b)所示。

(3) 测量时间常数。根据曲线图测量 RC 电路的时间常数 τ。

(4) 计算新的时间常数。将电阻 R 改为 5 kΩ，重复步骤(1)、步骤(2)，用示波器观察 u_C 和 u_R 波形，计算新的时间常数 τ。

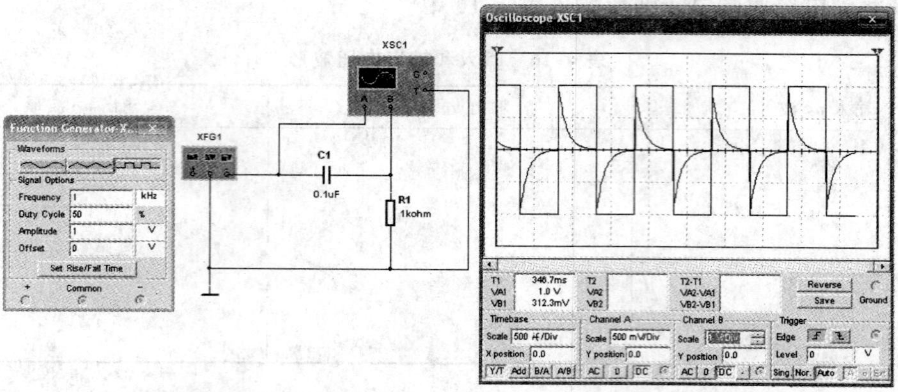

(a) 电容放电仿真电路原理图　　　(b) 电容放电仿真波形图

图 4-27　电容放电电压波形仿真电路图

七、实验报告与思考题

(1) 绘制 RC 一阶电路充、放电时电压波形变化曲线。

(2) 根据表 4-14、表 4-15 所得实验结果，分析时间常数 τ 对 RC 电路输出电压波形的影响。

(3) 什么是微分电路和积分电路，在实际中有什么用途？

实验 6　RLC 串联谐振电路的研究

一、实验目的

(1) 熟悉信号发生器、示波器的使用。

(2) 学会用毫伏表测量电路频率特性的方法。

(3) 加深理解电路谐振时的频率特性。

二、实验仪器

电路分析实验箱、信号发生器、交流毫伏表、双踪示波器。

三、实验预习要求

(1) 计算谐振电路谐振频率、品质因数、谐振阻抗的方法。

(2) 回路发生串联谐振时的特性。

(3) 示波器、信号发生器的使用方法。

(4) 按照本实验中“计算机仿真内容及步骤”，在计算机上预先进行仿真实验。

四、实验原理

1. 谐振条件

RLC 串联电路如图 4-28 所示，当 U_S 一定时，改变输入信号的频率，满足 $\omega L=\frac{1}{\omega C}$ 时，电路发生串联谐振，即 $\omega=\omega_0$，此时电路中电流达到最大值，电流为谐振电流 I_0，谐振时的频率称为谐振频率 f_0，可以通过公式 $f_0=\frac{1}{2\pi\sqrt{LC}}$ 计算得出。

本次实验通过改变信号源的频率 f 使电路中电流达到最大值，即改变频率使电路中 R 的端电压达到最大时的频率即为谐振频率 f_0。

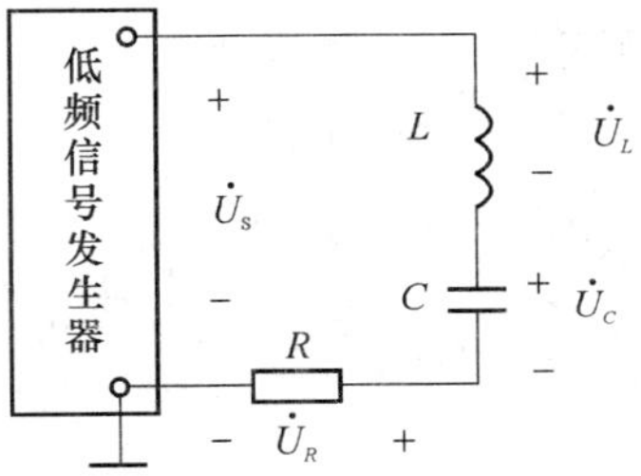

图 4-28　RLC 串联谐振电路

2. 电路谐振时的特性

(1) 由于回路总电抗 $X_0=\left(\omega_0 L-\frac{1}{\omega_0 C}\right)=0$，因此，回路阻抗 Z_0 为最小值，整个电路相当于纯电阻电路，激励源的电压与回路的响应电流同相位。

(2) 由于感抗 $\omega_0 L$ 与容抗 $\frac{1}{\omega_0 C}$ 相等，所以，电感上的电压 U_L 与电容上的电压 U_C 数值相等，相位相差 180°。电感上的电压(或电容上的电压)与激励电压之比称为品质因数 Q，即

$$Q=\frac{U_L}{U_S}=\frac{U_C}{U_S}=\frac{\omega_0 L}{R}=\frac{1}{\omega_0 CR}=\sqrt{\frac{L}{CR^2}}$$

在 L 和 C 为定值的条件下，Q 值仅仅决定于回路电阻 R 的大小。

(3) 在激励电压值(有效值)不变的情况下，回路中的电流 $I=\frac{U_S}{R}$ 为最大值。

3. 串联谐振电路的频率特性

回路的响应电流与激励电源的角频率的关系称为电流的幅频特性(表明其关系的图形为串联谐振曲线)，当电路的 L 和 C 保持不变时，改变 R 的大小，可以得出不同 Q 值的电流的幅频特性曲线(图 4-29)，$Q_1>Q_2$。显然，Q 值越高，曲线越尖锐，通频带越窄，电路的选择性越好。

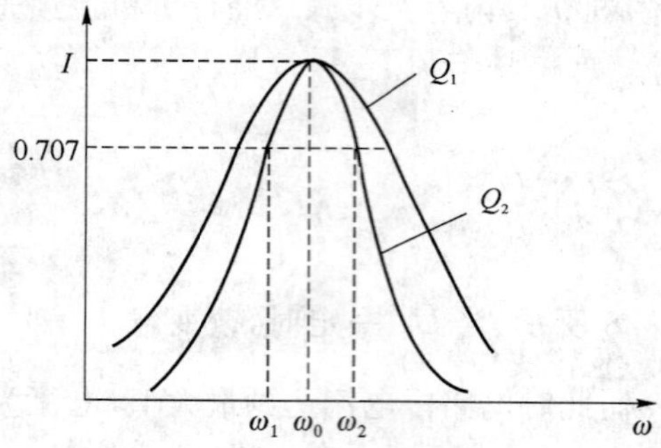

图 4-29 幅频特性曲线

五、实验内容及步骤

1. 计算和测试电路的谐振频率

在电路实验箱上找到 $L=0.1$ H，$C=0.5$ μF，$R=100$ Ω，调节信号发生器，使其大小为 $U_S=1$ V(用毫伏表测量)，频率为 1 kHz 的正弦波。

(1) 根据理论公式计算出 f_0：$f_0=\frac{1}{2\pi\sqrt{LC}}$，将 L 与 C 的数值代入公式中计算出 f_0，作为测试谐振频率的参考值。

(2) f_0 测量：按照图 4-28 连接电路，将毫伏表接在电阻 R 的两端，观察 U_R 的大小。保持输入电压 U_S 大小的恒定，改变输入信号的频率(由小逐渐变大)，使 U_R 值达到最大，即电路发生谐振，$U_R=U_{R0}$(U_{R0} 为谐振时电阻两端的电压)，此时的频率即为 f_0，谐振频率可以由信号发生器上读出。然后根据 $I_0=U_{R0}/R$ 计算此时谐振电流，将结果填入表 4-17 中。

2. 测量电路的品质因数 Q

(1) 在电路谐振时，用毫伏表测量 U_{C0} 和 U_{L0} 的值(U_{C0} 为谐振时电容两端的电压，U_{L0} 为谐振时电感两端的电压)，根据公式 $Q=U_{C0}/U_S$ 计算出 Q 值，将结果填入表 4-17 中。

注意：谐振时 U_{C0} 和 U_{L0} 的数值较大，毫伏表的量程应该选择大量程，指针无反应或偏转角度较小时，再逐渐改变成小量程。

(2) 在谐振时，递增或递减频率，用毫伏表随时监测 U_R 的大小，当幅度分别下降为最大值的 $\frac{1}{\sqrt{2}}$ 倍时(即 $U_R=\frac{1}{\sqrt{2}}U_{R0}$)，记录此时对应的频率，即为 f_1 和 f_2，由公式 $Q=\frac{f_0}{\Delta f}$ 计算出 Q 值，将结果填入表 4-17 中。

表 4-17 电路的品质因数

测量值							计算值		
电阻	U_R/V	f_0/Hz	f_1/Hz	f_2/Hz	U_{C0}/V	U_{L0}/V	$I_0=\frac{U_{R0}}{R}$	$Q=\frac{U_{C0}}{U_S}$	$Q=\frac{f_0}{(f_2-f_1)}$
$R=100$									
$R=500$									

3. 测量电路的幅频特性

(1) 以 f_0 为中心，改变输入信号的频率，用毫伏表测量相对应的 U_R 值，在 f_0 附近，应该多选取几个测试点，并计算出相应的电流值，将结果记录表 4-18 中。

(2) 保持 $U_S=1$ V 不变，改变电阻值 R，使 $R=500\ \Omega$，即改变了电路的品质因数 Q 值，重复步骤(1)，将结果记录表 4-18 中。

表 4-18　电路的幅频特性

f/kHz				Δf	,	$f_0=$		Δf		
U_S/V		1	1	1	1	1	1	1	1	1
$R=100\ \Omega$	U_R/mV									
	$I_0=U_{R0}/R$									
$R=500\ \Omega$	U_R/mV									
	$I_0=U_{R0}/R$									

六、计算机仿真内容与步骤

1. *RLC* 串联谐振频率仿真电路测试

(1) 在仿真界面建立如图 4-30 所示的实验仿真电路，在元件库选择 $C=0.5\ \mu$F，电感选用 $L=0.1$ H，电阻选用 $C=100\ \Omega$。在仪器库选择信号发生器，输出电压设置为 1 V 的正弦波，电感、电容、电阻两端分别连接交流毫伏表。

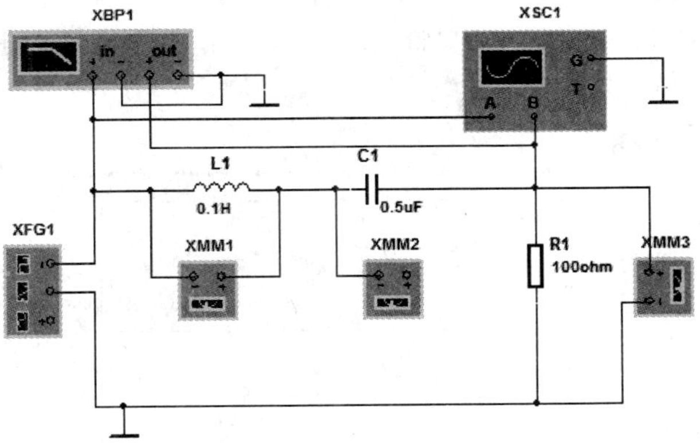

图 4-30　*RLC* 串联谐振仿真电路图

(2) 保持信号发生器的输出电压不变，改变信号发生器的频率(频率由小逐渐变大)，观察电阻两端交流毫伏表的电压值。当电阻电压的读数达到最大值时(即电流达到最大值)所对应的频率即为谐振频率。将此时的频率记录下来，如图 4-31 所示。

(3) 当信号发生器输出频率约为 710 Hz 时，电阻、电压的读数达到最大值，电感、电容和电阻两端交流毫伏表读数分别如图 4-32(a)，(b)，(c)所示。

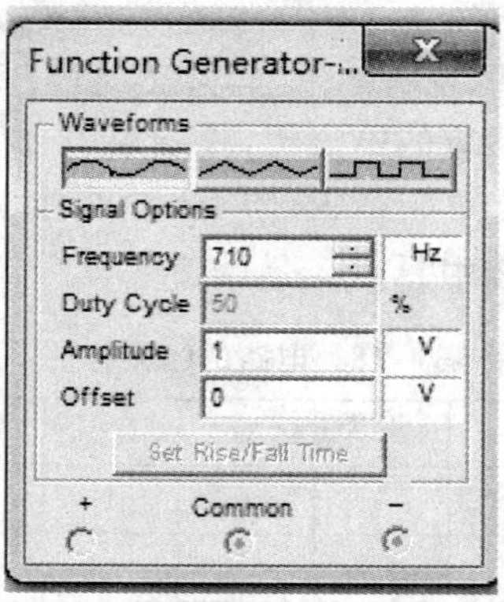

图 4-31　信号发生器输出电压值

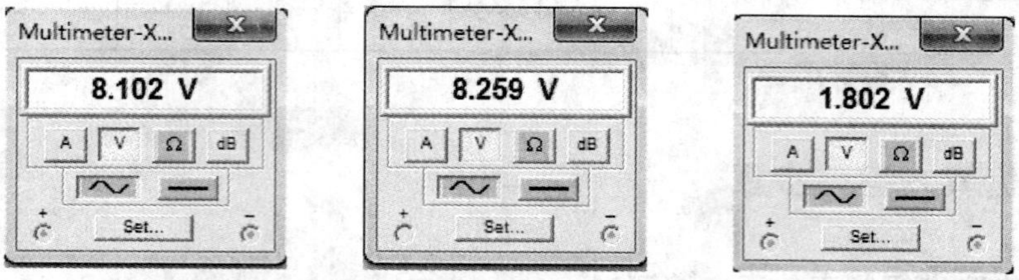

(a) 电感端电压　　(b) 电容端电压　　(c) 电阻端电压

图 4-32　交流毫伏表仿真 RLC 端电压

(4) 谐振时用示波器观察信号发生器输出电压 U_S 和电阻电压 U_R，打开仿真开关，双击“XSC1”打开面板，面板参数设置如图 4-33 所示，可以看出二者相位相同，同时 $U_R=U_S$，可以看出 RLC 电路发生了谐振，验证了实验电路正确性，信号发生器输出电压和电阻电压波形如图 4-33 所示。

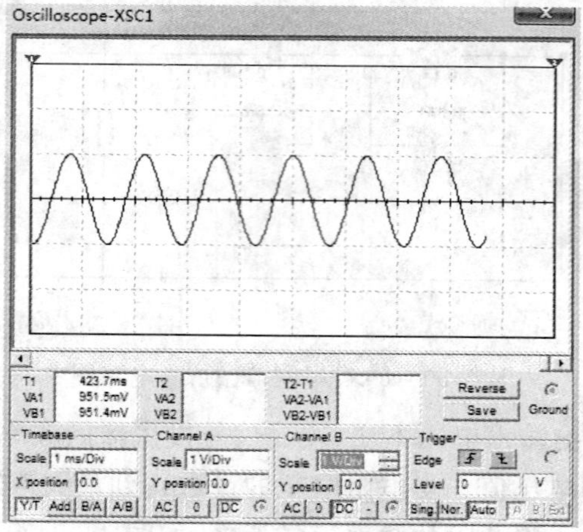

图 4-33　RLC 谐振仿真电路波形图

2. 用波特图示仪观察幅频特性

按图 4-30 所示连接电路，将波特图示仪 XBP1 连接到电路图中，双击波特图示仪图标打开面板，面板上各参数设置如图 4-34 所示。打开仿真开关，在波特图示仪上观察输出波形，拖动红色指针，使之对应幅值最高点，此时在面板上显示出谐振频率的值，记录并和实验测试值进行比较。

3. 品质因数的仿真测试

(1) 双击电阻，设置电阻阻值 R=100 Ω，双击“XBP1”波特图仪，打开仿真开关，幅频特性如图 4-34 所示。

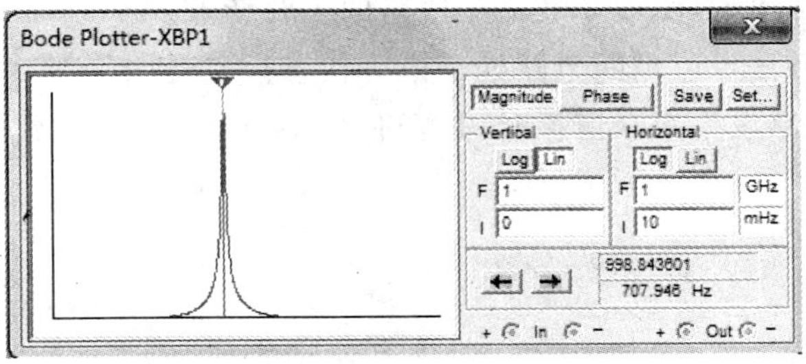

图 4-34　电阻 R=100 Ω 时的幅频特性

(2) 关闭仿真开关，修改电阻值 R=1 000 Ω，双击“XBP1”波特图仪，打开仿真开关，幅频特性如图 4-35 所示。

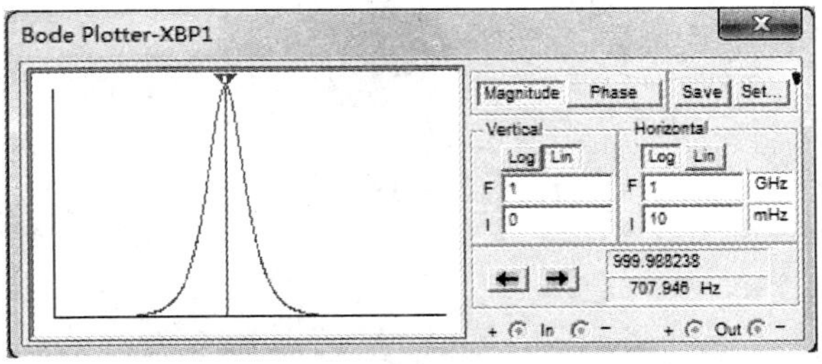

图 4-35　电阻 R=1000 Ω 时的幅频特性

(3) 关闭仿真开关，修改电阻值 R=5 kΩ，双击“XBP1”波特图仪，打开仿真开关，幅频特性如图 4-36 所示。

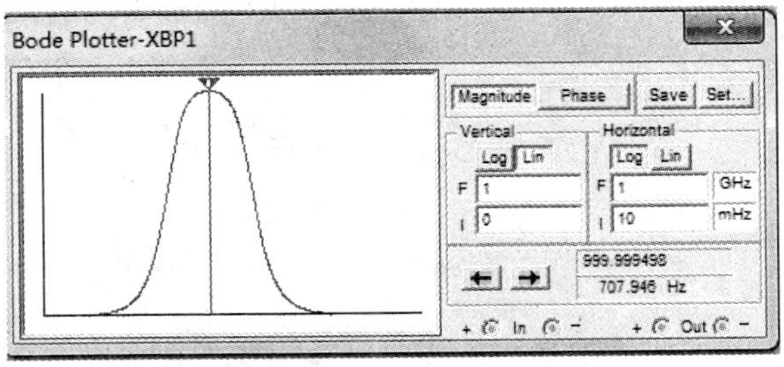

图 4-36　电阻 R=5 kΩ 时的幅频特性

由上述幅频特性曲线，可知当电感 L 和电容 C 为定值时，电阻 R 的数值越小，品质因数 Q 越大，通频带的带宽越窄，选择性越好。

七、实验报告与思考题

(1) 根据实验数据,绘出不同 Q 值下的幅频特性曲线,要求横坐标为 f/f_0,纵坐标为 I/I_0,并对结果进行分析。

(2) 通过实验总结出 R,L,C 串联谐振电路的主要特点。

(3) 用哪些实验方法可以判断电路处于谐振状态?

(4) 实验中,当电路发生串联谐振时,是否有 $U_{C0}=U_{L0}$,若等式不成立,试分析其原因。

第 5 章　电子技术部分实验

【内容简介】

本章介绍了电子技术中的四个实验。其中包括：晶体二极管、三极管的测量；单管共射放大电路；集成运算放大器的基本应用；OTL 功率放大电路。

【重点难点】

熟练掌握各种仪器的使用方法、电路的测试方法。

实验 1　晶体二极管、三极管的测量

一、实验目的

（1）掌握万用表的正确使用方法。

（2）学会用万用表简易测试晶体二极管、三极管。

二、实验仪器

（1）万用表。

（2）常见电子元器件 2AP，2CP，3AX，3DG 等。

三、实验预习要求

（1）万用表的使用方法。

（2）晶体二极管、三极管的结构和主要特性。

四、实验原理

1. 二极管的检测

对晶体二极管进行检测，主要是鉴别它的正、负极性及其单向导电性能的好坏。

（1）判断二极管的极性

通过测量二极管的正、反向电阻的阻值，就可以判断二极管的正、负极性。晶体二极管

加正向电压时会导通，正向电阻小，而晶体二极管加反向电压时会截止，反向电阻大，所以通过测量晶体二极管的正、反向直流电阻就可以判断二极管的极性。

通常锗材料的二极管的正、反向电阻，均较硅管小些。小功率锗二极管正向电阻为300～500 Ω，硅管约为1 kΩ或更大些。锗二极管反向电阻为几十 kΩ，硅二极管反向电阻在500 kΩ以上。而且二极管的正、反向电阻的差值越大越好。

测量正、反向电阻时应该注意，由于二极管是非线性元件，其直流电阻值与通过管子的电流有关，所以用不同型号的万用表或不同倍率的电阻挡所测得的直流电阻值是不同的。

(2) 判别二极管的好坏

根据正向电阻小、反向电阻大的特点不仅可以判断出二极管的极性，还可以粗略地判断二极管的好坏。用万用表欧姆挡测量二极管的正、反向电阻的原理图如图5-1所示，图中虚线框内是万用表欧姆挡的等效电路。黑表笔接的是内部电池的正极，红表笔接的是内部电池的负极。在测量未知极性的二极管时，选取万用表的 $R\times100$ 挡或 $R\times1\text{k}$ 挡，两根表笔接二极管两端，若万用表指示几百欧姆小电阻，则为二极管的正向电阻，即红表笔所接的一端为二极管负极，黑表笔所接的一端为二极管正极；反之，若万用表指示大电阻，则红表笔所接的一端为二极管正极，黑表笔所接的一端为二极管负极。

如果测出的二极管正向电阻小，反向电阻大，说明二极管是好的。如果正、反向电阻都很小，说明二极管内部已经短路；若正、反向电阻都很大，说明二极管内部已经断路。在这两种情况下二极管就不能使用了。

注意： 用万用表测量二极管时，一般用万用表的 $R\times100$ 挡或 $R\times1\text{k}$ 挡，不要用 $R\times1$ 挡或 $R\times10\text{k}$ 挡，因为 $R\times1$ 挡，内部电阻小，使用时电流大，有可能损坏二极管，而 $R\times10\text{k}$ 使用的是高电压，也可能损坏管子。

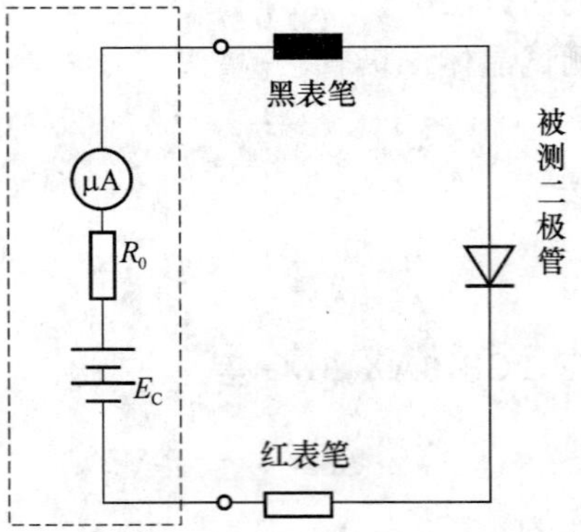

μA 表头；R_0 内阻；E_C 万用表欧姆挡内部电池

图5-1 万用表欧姆挡测二极管

2. 三极管的检测

用万用表检测晶体三极管主要是判别晶体三极管的管脚和管子类型，以及估测三极管的电流放大系数 β。

(1) 用万用表判别三极管的管脚和管子类型

用万用表判别三极管的管脚和管子类型的根据是：把晶体管的结构看成是两个背靠背的PN结(或二极管)，对NPN管来说，基极是两个PN结的公共阳极，如图5-2(a)所示，对PNP管来说，基极是两个PN结的公共阴极，如图5-2(b)所示。因此，判别公共电极是正极还是负极，就可以知道该三极管是 NPN 型，还是 PNP 型。

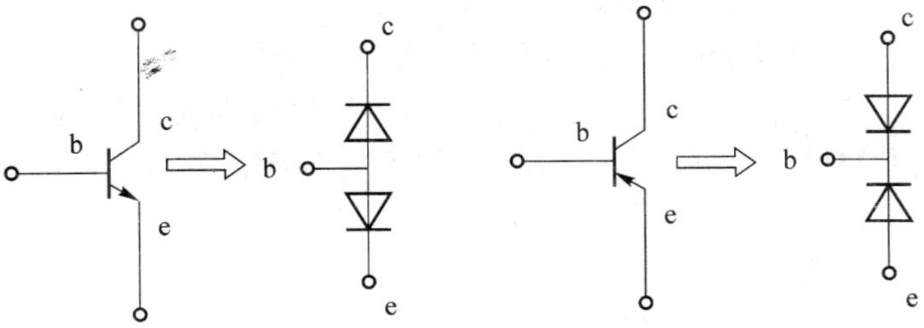

(a) NPN管　　(b) PNP管

图 5-2　判别三极管基极

① 判断三极管的基极 b 和管子的类型

用万用表 $R\times100$ 挡，黑表笔接触某一管脚，用红表笔分别接触另外两个管脚，如两次测得的电阻值都很小，则与黑表笔接触的管脚是基极，同时可以知道此三极管为 NPN 型。若用红表笔接触某一管脚，而用黑表笔接触另外两个管脚，两次测得的读数同样都很小的时候，则与红表笔接触的那一管脚是基极，同时可以知道此三极管为 PNP 型。用上述方法既判定了三极管的基极，又判别了三极管的类型。

② 判断三极管的发射极 e 和集电极 c

以 NPN 型三极管为例，确定基极 b 以后，假定其余的两只管脚中的一只管脚是集电极 c，将黑表笔接到此管脚上，红表笔接到假定的发射极 e 上，用手指捏住 b 和 c 两个电极（但不能使 b 和 c 相碰）。如图 5-3 所示，通过人体，相当于 b 和 c 之间接入一个偏置电阻，记下此时表针偏转的读数。然后将假定的 c 和 e 对换，仍用手捏住重新假定的 b 和 c 两极（不能使 b 和 c 相碰），再读出此时指针偏转的读数，并与前一次读数比较。若第一次指针偏转较大，则原来的假定是对的，即黑表笔所接的是 c 极，红表笔所接的是 e 极。因为指针偏转较大说明通过万用表的电流较大，偏置正常。因而表明原来的假定是正确的。

如果测的是 PNP 型三极管，则需要将红表笔接假定的 c 极，黑表笔接假定的 e 极（用手捏住 b 和 c 两极），方法同前。

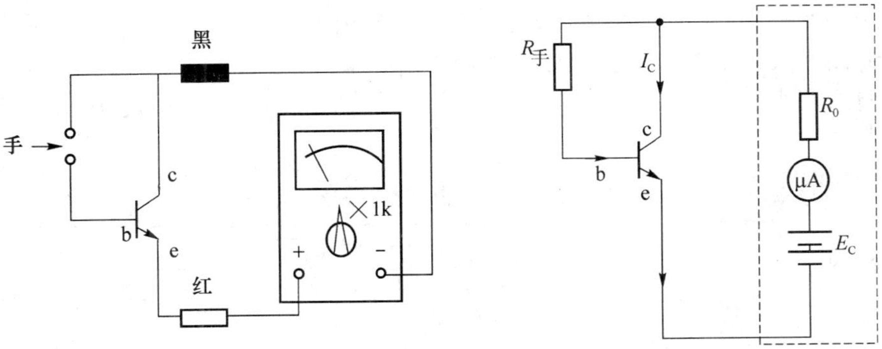

(a) 示意图　　(b) 等效电路

图 5-3　判断三极管管脚

(2) 万用表估测电流放大系数 β

将万用表拨到 $R\times100$ 或 $R\times1k$ 挡，按管型将万用表接到对应的电极上（对 NPN 型管，黑表笔接集电极，红表笔接发射极；对 PNP 型管，黑表笔接发射极，红表笔接集电极)，再用手捏住基极和集电极，观察指针摆动幅度大小。摆动越大，则β越大。

一般的万用表具备测量β的功能，只需要将晶体管插入测试孔中就可以从表头刻度盘上直接读出β值。若依此方法来判别发射极和集电极也很容易，只要将 e 和 c 管脚对调一下，在表针偏转较大的那一次测量中，从万用表插孔旁的标记就可以直接辨别出晶体管的发射极和集电极。

五、实验内容

1. 二极管极性、管型和质量的检测

(1) 用万用表判别所给二极管的极性。按照实验原理中介绍的方法进行测量。

(2) 判断所给二极管的好坏。用万用表 $R\times100$ 挡或 $R\times1\text{k}$ 挡，测量上述二极管的正、反向电阻，即可判断其性能好坏，并将测量结果填入表 5-1 中。

表 5-1　晶体二极管正、反向电阻测试记录

二极管型号	挡位	正向电阻	反向电阻
	$R\times100$		
	$R\times1\text{k}$		
	$R\times100$		
	$R\times1\text{k}$		
	$R\times100$		
	$R\times1\text{k}$		
	$R\times100$		
	$R\times1\text{k}$		

2. 三极管类型、管脚的判别

根据实验原理介绍的方法进行如下测量：

(1) 类型判别(PNP 型还是 NPN 型)，并确定基极 b。

(2) 判断三极管集电极 c 和发射极 e。

(3) 将万用表拨到 $R\times100$ 挡，测量不同型号晶体三极管 b-e、b-c 间正、反向电阻，并填入表 5-2 中。

表 5-2　三极管测试记录

三极管型号	类型	b-e		b-c	
		正向电阻/Ω	反向电阻/Ω	正向电阻/Ω	反向电阻/Ω

六、实验报告与思考题

(1) 分析表 5-1 中实验结果，确定哪些二极管是好的，哪些是坏的。

(2) 根据表 5-2 测试结果，确定哪几只三极管是 NPN 型的，哪几只三极管是 PNP 型的。并总结出它们的电极排列的顺序。

(3) 为什么用万用表的欧姆挡测量二极管的正向电阻时，正确接法是红表笔接负极，黑表笔接正极？

(4) 用万用表测量晶体二极管和三极管时，为什么不能采用 $R\times1$ 挡或 $R\times10\text{k}$ 挡来检测小功率管？

(5) 简单分析一下前面介绍的判别三极管发射极 e 和集电极 c 的方法的理论依据。

实验 2 单管共射放大电路

一、实验目的

(1) 掌握放大器静态工作点的设置方法，研究静态工作点对放大电路性能的影响。

(2) 研究集电极电阻 R_C、负载电阻 R_L 对放大电路放大倍数的影响。

(3) 掌握放大器放大倍数 A_V、输入电阻 R_i 和输出电阻 R_o 的测定方法。

(4) 熟悉常用电子仪器的使用。

二、实验仪器

模拟电路实验箱、直流稳压电源、信号发生器、双踪示波器、毫伏表、万用表等。

三、实验预习要求

(1) 分压式偏置放大电路工作原理。

(2) 放大器静态工作点的计算。

(3) 放大器动态参数的估算方法。

(4) 实验时毫伏表、示波器、信号发生器如何与放大器的输入、输出端相连接。

(5) 按照本实验中“计算机仿真内容及步骤”，在计算机上预先进行仿真实验。

四、实验原理

本实验采用的是模拟电路实验箱的“单级与两级交流放大”单元电路中的第二级，电路如图 5-4 虚线框内所示，该电路为典型的电阻分压式单管共射级放大电路。

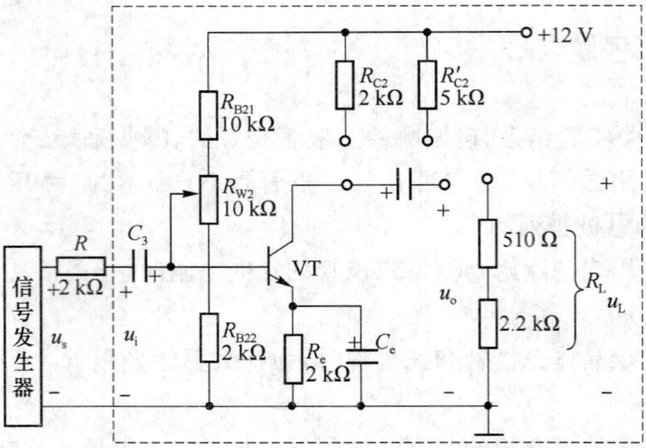

图 5-4　分压偏置共射放大电路

1. 放大器静态工作点的测量与调试

(1) 静态工作点的测量

测量放大器的静态工作点,应该在输入信号 $u_i=0$ 的情况下进行，即将放大器输入端与“地”端短接,然后用万用表的直流电流挡和直流电压挡,分别测量晶体管的集电极电流 I_C 以及各电极对地的电位 V_B,V_C 和 V_E。一般情况下,实验中测量 I_C 采用间接测量法,即通过测量电压 V_E,然后根据公式 $I_C \approx I_E = \frac{V_E}{R_E}$计算出 I_C 的值。

(2) 静态工作点的调试

放大器静态工作点的调试是指对管子集电极电流 I_C(或 U_{CE})的调节与测试。

静态工作点是否合适,对放大器的性能和输出波形都有很大的影响。如果工作点偏高,放大器在加入交流信号以后容易产生饱和失真,如果工作点偏低,则容易产生截止失真,这些情况都不符合不失真放大的要求。所以在加动态信号之前,应该先调节静态工作点,使其达到最合适的位置。

在理论教学中我们知道,静态工作点的位置和偏置电阻有关,所以在该实验电路中通过调节 R_{W2},使 $V_E=3\sim4$ V。

2. 放大器动态指标测试

放大器动态指标包括电压放大倍数、输入电阻、输出电阻等。

(1) 电压放大倍数 A_V 的测量

调节放大器到合适的静态工作点,然后加入输入电压 u_i,在输出电压 u_o 不失真的情况下,用毫伏表测出 u_i 和 u_o 的有效值,根据公式计算出电压放大倍数。即 $A_V=\frac{U_o}{U_i}$。

(2) 输入电阻 R_i 的测量

测量输入电阻的方法很多,这里采用的方法称为换算法。测量电路如图 5-5 所示。在信号源与放大电路之间串接一个已知电阻 R(作为参考电阻),在放大电路正常工作情况下,只要分别测出 U_s 和 U_i,则输入电阻可以求出。

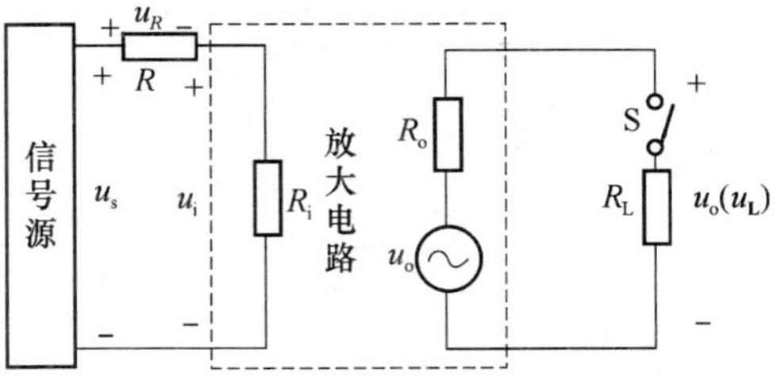

图 5-5　输入、输出电阻测量

因为

$$I_i=\frac{U_s-U_i}{R}$$

所以

$$R_i=\frac{U_i}{I_i}=\frac{U_i}{U_s-U_i}R$$

测量时应注意：由于 R 两端没有电路公共接地点，所以测量 R 两端电压 U_R 时，必须分别测出 U_s 和 U_i，然后按 $U_R=U_s-U_i$，求出 U_R 值。其次，参考电阻 R 的值不宜取得过大或过小，以免产生较大的测量误差，通常取 R 与 R_i 为同一数量级为好，本实验取 $R=2\ \text{k}\Omega$。

（3）输出电阻 R_o 的测量

输出电阻 R_o 仍采用换算法测量（按图 5-5 电路），在放大电路正常工作条件下，测量输出端不接负载 R_L 的输出电压 U_o 和接入负载 R_L 后的输出电压 U_L。

因为

$$U_L=\frac{R_L}{R_o+R_L}U_o$$

所以

$$R_o=\left(\frac{U_o}{U_L}-1\right)R_L$$

在测试中应注意：必须保持 R_L 接入电路前、后输入信号的大小保持不变。

五、实验内容及步骤

1. 调节各仪器处于待工作状态

（1）打开示波器电源开关使之预热，调节相关旋钮，调出扫描基线，待用。

（2）打开信号发生器电源开关预热，调成正弦输出状态，信号频率为 $f=1\ \text{kHz}$，“输出衰减”置于“衰减”位置（即旋钮拔出），“输出电压”旋钮逆时针旋到底，待用。

（3）直流稳压电源的输出电压调至 +12 V，用万用表测量该电压值，然后关掉直流稳压电源开关。用导线将电源输出两端分别接入模拟学习机面板上的“单级与两级交流放大”单元电路的 +12 V 接线端和接地端，选取集电极电阻 $R_{C2}=2\ \text{k}\Omega$ 与三极管的集电极插口相连，检查无误后接通电源。

2. 调试静态工作点

将交流输入端对地短路，输出端不接负载，调节 R_{W2} 使 $V_E=3\sim4$ V，测量静态工作点，就是用万用表的直流电压挡，分别测量晶体三极管各电极对“地”的电位 V_C，V_B，V_E 的值。将测量结果填入表 5-3 中。

表 5-3　放大电路静态工作点

测量值			计算值		
V_B/V	V_E/V	V_C/V	U_{BE}/V	U_{CE}/V	I_C/mA

3. 测量动态参数(A_V,R_i,R_o)

(1) 将信号发生器调到频率 $f=1$ kHz,波形为正弦波,信号幅值为 15 mV(以毫伏表测量的有效值为准),接到电路的输入端,用示波器观察输出波形是否失真,在不失真的情况下,用毫伏表分别测量输入电压 U_i、空载输出电压 U_o 和有负载时的输出电压 U_L,将测量结果填入表 5-4 中,并计算空载时的电压放大倍数 A_{V0} 和带负载时的电压放大倍数 A_{VL},输入电阻和输出电阻。

(2) 信号源频率不变,增大信号源幅度,使 $U_s=20$ mV,重复上述过程。

表 5-4　放大器动态参数　($R_{C2}=2$ kΩ)

测量值				计算值			
U_s/mV	U_i/mV	U_o/V ($R_L=\infty$)	U_L/V ($R_L=2.7$kΩ)	$A_{V0}=\frac{U_o}{U_i}$	$A_{VL}=\frac{U_L}{U_i}$	R_i/kΩ	R_o/kΩ
15							
20							

4. 研究 R_C 和 R_L 对 A_V 的影响

改变 $R_{C2}=5$ kΩ,重新调节静态工作点,即调节 R_{W2} 使 $V_E=3\sim4$ V。然后输入 $f=1$ kHz,幅值为 15 mV 正弦信号,按照表 5-5 给定参数进行测量并填写测得的数据。

表 5-5　R_C,R_L 对放大器性能的影响

给定参数		测量值		计算值
R_C/Ω	R_L/Ω	U_i/V	U_o/V	$A_{V0}=\frac{U_o}{U_i}$
2 k	∞			
2 k	2.7 k			
5 k	∞			
5 k	2.7 k			

六、计算机仿真内容及步骤

1. 测量静态工作点

(1) 建立如图 5-6 所示的分压偏置电路,电流表选用的是基本元件库指示部件中的直流电流表。

(2) 单击仿真开关,进行仿真分析。记录集电极电流 I_{CQ}、发射极电流 I_{EQ}、基极电流 I_{BQ} 的测量值。由 I_{CQ} 和 I_{BQ} 估算电流放大系数 β。

(3) 改变滑动变阻器 R_{w2} 的阻值，当其百分比为 50%时，再次记录 I_{BQ}，I_{CQ}，I_{EQ}。记录数据，填入表 5-6 中。

注意：图 5-6 中所用的三极管 VT，其 $\beta=100$。R_{w2} 的值，等于滑动变阻器的最大阻值乘以百分比。

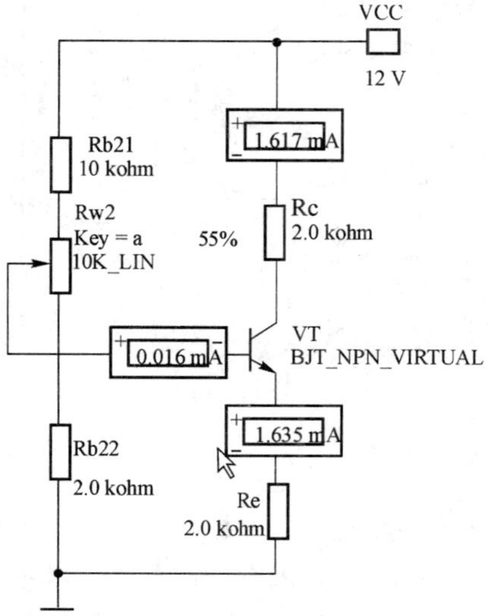

图 5-6　测量静态电流

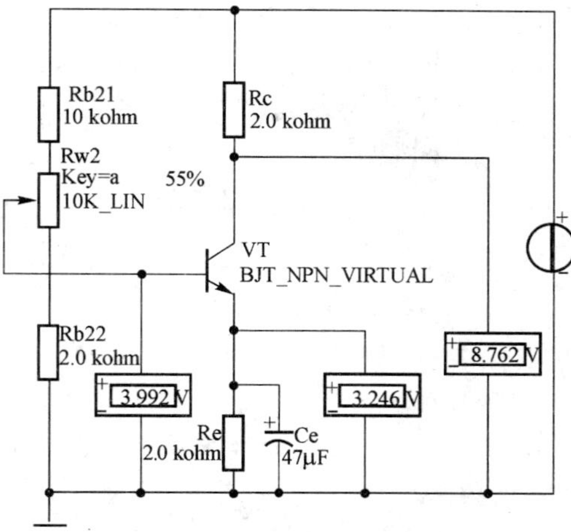

图 5-7　测量静态电压

表 5-6　测量静态电流值

R_{w2} 百分比	I_{BQ}/mA	I_{CQ}/mA	I_{EQ}/mA	计算值 β
55%				
50%				

(4) 将图 5-6 中的直流电流表去掉，在三极管三个电极与地之间加上直流电压表，建立如图 5-7 所示的分压偏置电路，直流电压表选用的是基本元件库指示部件中的直流电压表。

(5) 单击仿真开关，进行仿真分析，分别记录集电极、发射极、基极对地的电位测量值。

(6) 改变滑动变阻器 R_{w2} 的阻值，当其百分比为 50%时，再次记录 V_B，V_C，V_E。记录数据，填入表 5-7 中。

表 5-7　测量静态电压值

R_{w2} 百分比	仿真数据(单位:V)			计算数据(单位:V)	
55%	V_B	V_C	V_E	U_{BE}	U_{CE}
50%					

2. 动态测量

(1) 搭建如图 5-8 所示电路。

(2) 记录输入、输出波形，并说出它们的相位有何关系？

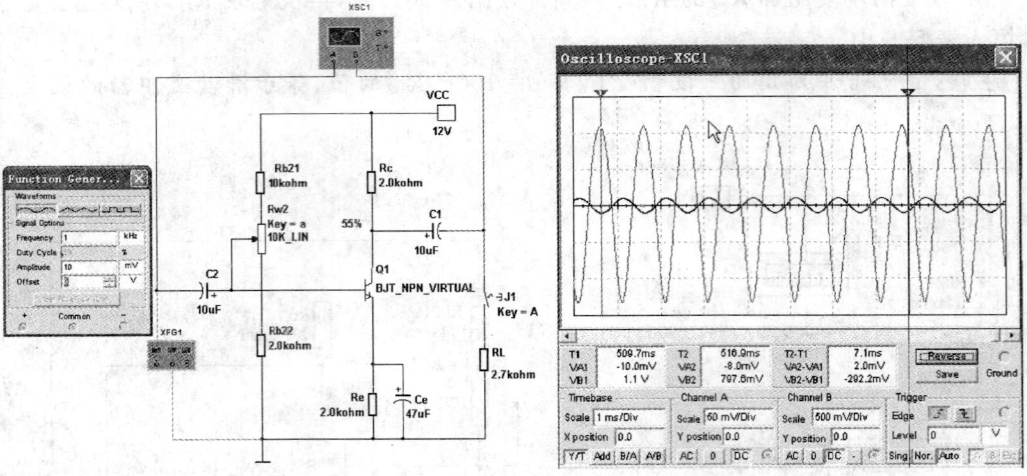

(a) 电路图　　　　　　　　(b) 输入、输出波形

图 5-8　动态输入、输出波形

注意：观察波形图时会出现不知道哪个波形是哪个通道的情况，解决方法是更改连接通道的导线颜色，即右键单击导线，单击“wire color”，可以更改导线颜色，同时示波器中波形颜色也随之改变。如果波形太密或者幅度太小，可以调整“Scale”里边的数据。可以单击“T1”和“T2”的箭头，移动如图 5-8(b)中所示的竖线，就可以读出输入、输出电压的峰值。

(3) 其他不变，闭合开关，即 $R_L=2.7\ \text{k}\Omega$，运行仿真开关，记录输入、输出电压值，并填入表 5-5 中。R_c 由 2 kΩ 变为 5 kΩ，运行仿真开关，记录数据并填入表 5-5 中。

3. 测量输入电阻

(1) 搭建如图 5-9 所示电路。

(2) 设置电压表和电流表为交流方式。

(3) 运行仿真开关，记录电压表和电流表的读数。

(4) 利用公式 $R_i=\dfrac{U_i}{I_i}$ 计算在 1 kHz 频率下的输入电阻。

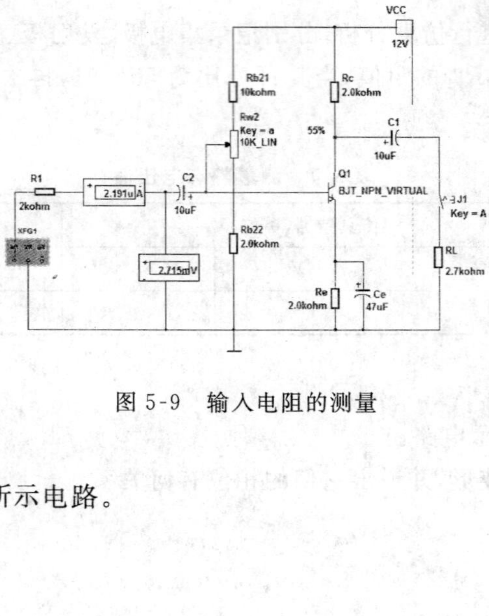

图 5-9　输入电阻的测量

4. 测量输出电阻

(1) 搭建如图 5-10 所示电路。

(2) 设置电压表和电流表为交流方式。

(3) 运行仿真开关,记录电压表和电流表的读数。

(4) 利用公式 $R_o=\left.\frac{U_T}{I_T}\right|_{U_s=0}$ 计算在 1 kHz 频率下的输出电阻。

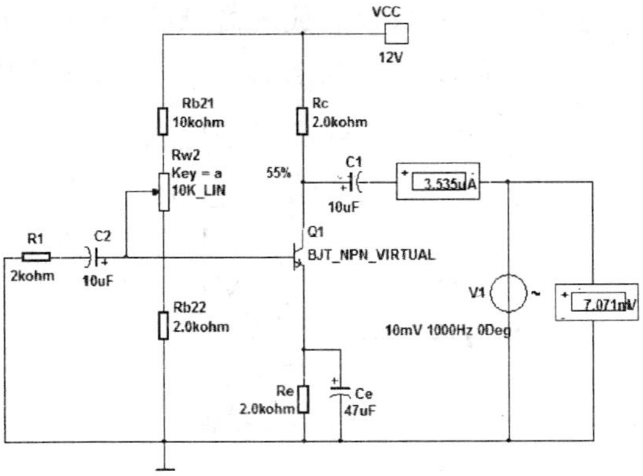

图 5-10　输出电阻的测量

七、实验报告

(1) 整理测量结果数据,填写实验表格,分析实验结果。

(2) 总结 R_C 和 R_L 对放大器电压放大倍数、输入电阻、输出电阻的影响。

实验 3　集成运算放大器的基本应用

一、实验目的

(1) 掌握集成运算放大器组成比例、求和电路的特点及性能。

(2) 学会上述电路的测试和分析方法。

二、实验仪器

(1) 直流稳压电源、信号发生器、万用表、示波器、毫伏表。

(2) 面包板、集成块 NE5534、电阻若干。

三、实验预习要求

(1) 集成运算放大器组成比例电路、求和电路的基本原理。

(2) 估算各实验内所需要测量的数据。

(3) 按照本实验中“计算机仿真内容及步骤”,在计算机上预先进行仿真实验。

四、实验室内容与步骤

NE5534 内部有两个互相独立的集成运算放大器 A 和 B,即 NE5534 为双运放,本实验中的运算只使用了其中的一个运放,A 和 B 任选其一。其引脚图如图 5-11 所示。

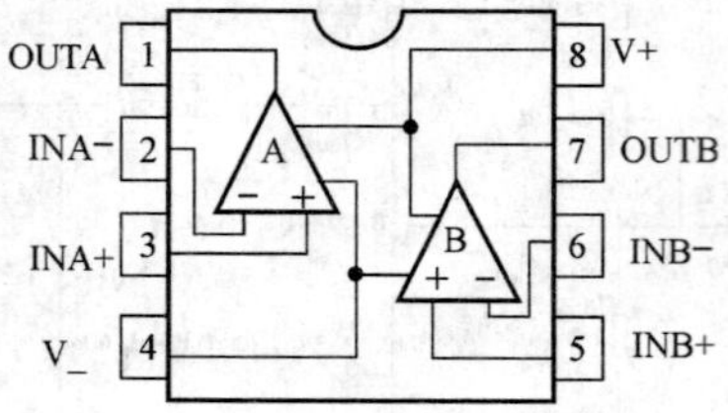

图 5-11 NE5534 引脚图

各引脚的功能如下:

1—OUTA 为 A 运放的输出端;

2—INA－为 A 运放的反相输入端;

3—INA＋为 A 运放的同相输入端;

4—V_- 为－12 V 电源输入端;

5—INB＋为 B 运放的同相输入端;

6—INB－为 B 运放的反相输入端;

7—OUTB 为 B 运放的输出端;

8—V_+ 为＋12 V 电源输入端。

实验前首先要看清集成运放组件各引脚的位置,切忌正、负电源极性接反和输出端短路,否则有可能损坏集成芯片。

1. 反相比例运算电路

(1) 原理电路如图 5-12 所示,理想情况下,其运算关系为:$u_o=-\dfrac{R_f}{R_1}u_i$。

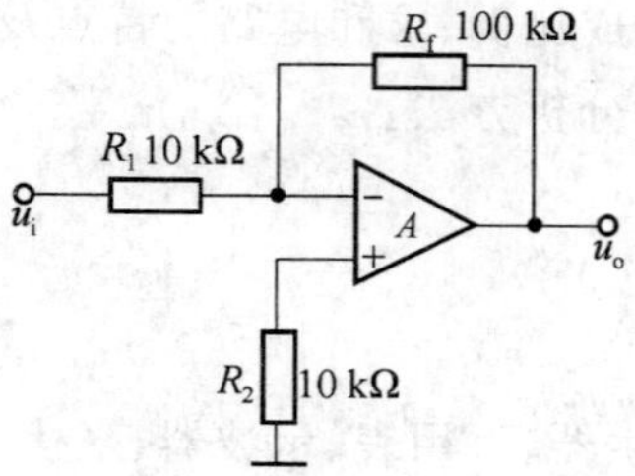

图 5-12 反相比例运算电路

(2) 将信号源调节为 $f=1$ kHz,有效值为 0.1 V 的(用毫伏表测量)正弦交流信号。

(3) 按照图 5-12 连接电路,检查无误后,接通±12 V 电源,在 U_i 处接入已经调好的信号源,将双踪示波器的 CH1 探头接到 u_i, CH2 探头接到集成运放的输出端 u_o,同时观察输入、输出的波形的相位,并用毫伏表测量 U_o 的值,按照表 5-8 的要求进行实验测试并将结果填入表 5-8 中。

表 5-8　反相比例运算电路测试记录

U_i/V		0.1	0.2	0.3
U_o/V	实测值			
	理论值			
	误差			

2. 同相比例运算电路

（1）原理电路如图 5-13 所示，理想情况下，其运算关系为

$$u_o = \left(1 + \frac{R_f}{R_1}\right) u_i$$

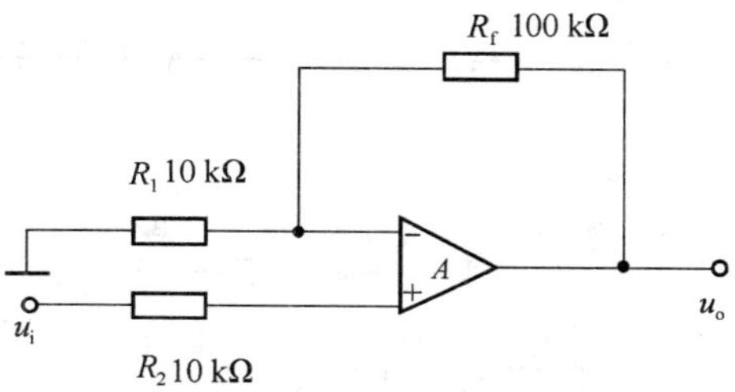

图 5-13　同相比例运算电路

（2）按照图 5-13 连接电路，检查无误后接通±12 V 电源，同样在 U_i 处输入 f=1 kHz，大小为 0.1～0.3 V（用毫伏表测量）的正弦信号，用双踪示波器同时观察输入、输出的波形是否相位相同，并用毫伏表测得 U_o 的值，按照表 5-9 的要求进行实验测试并记录。

表 5-9　同相比例运算电路测试记录

U_i/V		0.1	0.2	0.3
U_o/V	实测值			
	理论值			
	误差			

3. 反相加法运算电路

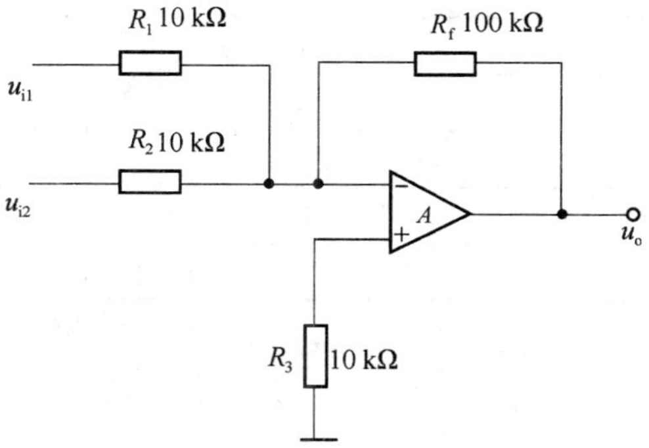

图 5-14　反相加法运算电路

(1) 实验原理如图 5-14 所示,在理想化条件下,运算关系为

$$u_o = -\frac{R_f}{R_1}(u_{i1} + u_{i2})$$

(2) 按照图 5-14 连接电路,检查无误后,接通电源±12 V。在 u_{i1} 和 u_{i2} 处输入直流电压(用直流稳压电源),用万用表测量输出电压 U_O 的值,按表 5-10 的要求进行实验测试并记录数据。

表 5-10 反相加法运算电路测试记录

U_{I1}/V		0.3	−0.3
U_{I2}/V		0.2	−0.2
U_O/V	实测值		
	理论值		
	误差		

4. 减法运算电路

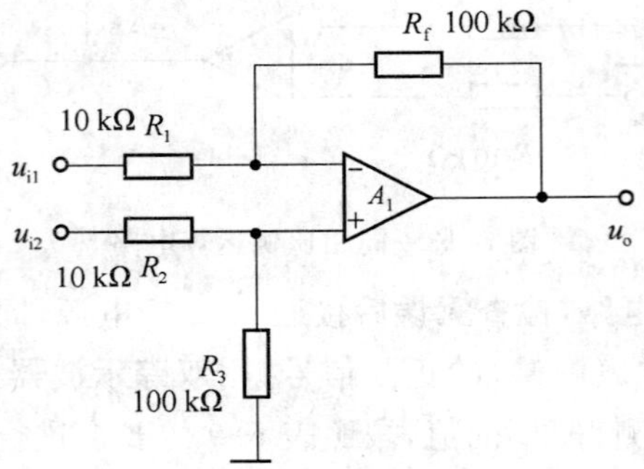

图 5-15 减法运算电路

(1) 实验原理如图 5-15 所示,此电路为差分输入减法器,在理想化条件下,运算关系为

$$u_o = \frac{R_f}{R_1}(u_{i2} - u_{i1})$$

(2) 按照图 5-15 连接电路,检查无误后,接通±12 V 电源。在 u_{i1}, u_{i2} 处输入直流电压,用万用表测量输出电压 U_O 的值,按照表 5-11 的要求进行实验测试并记录数据。

表 5-11 减法运算电路测试记录

U_{I1}/V		0.3	0.3
U_{I2}/V		0.2	−0.2
U_O/V	实测值		
	理论值		
	误差		

五、计算机仿真内容及步骤

1. 反相比例运算电路

(1) 建立如图 5-16(a)所示的反相比例运算放大电路，函数信号发生器设置输出频率为 1 kHz，幅值为 100 mV 的正弦波，如图 5-16(a)所示。

(2) 单击仿真开关，进行仿真分析，从示波器面板上记录输入电压峰值 U_{ip} 和输出电压峰值 U_{op}，同时观察输出电压与输入电压波形之间的相位差，如图 5-16(b)所示。

(3) 根据电压测量值，计算放大器的闭环电压放大倍数 A_V。

(4) 函数信号发生器的幅值分别改为 200 mV 和 300 mV，进行仿真分析，分别记录输入电压峰值 U_{ip}、输出电压峰值 U_{op}，并计算放大器的闭环电压放大倍数，填入表 5-8 中。

(5) 将反馈电阻 R_f 由 100 kΩ 改为 10 kΩ，重复步骤(2)～(4)。

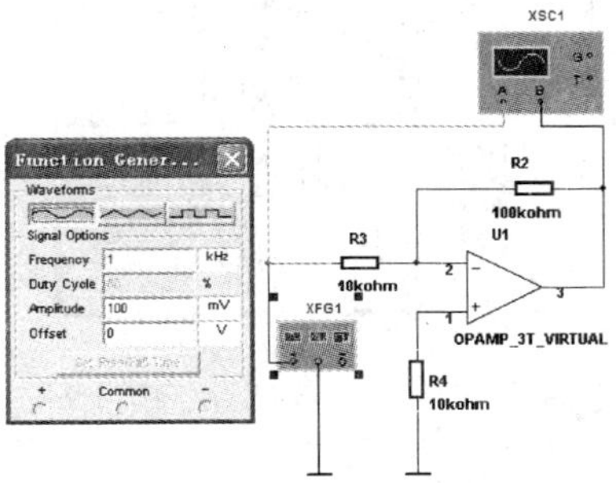

(a) 反相比例运算放大器

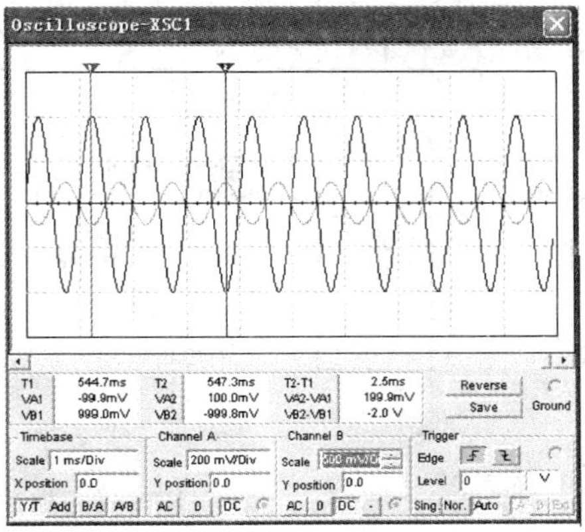

(b) 输入与输出波形

图 5-16　反相比例运算放大电路

2. 同相比例运算电路

(1) 建立如图 5-17(a)所示的同相比例运算放大电路，函数信号发生器设置输出频率为 1 kHz，幅值为 100 mV 的正弦波，如图 5-17(a)所示。

(2) 单击仿真开关，进行仿真分析，记录输入电压峰值 U_{ip} 和输出电压峰值 U_{op}，同时记录输出电压与输入电压波形之间的相位差，如图 5-17(b)所示。

(3) 根据电压测量值，计算放大器的闭环电压放大倍数 A_V。

(4) 函数信号发生器的幅值分别改为 200 mV 和 300 mV，进行仿真分析，分别记录输入电压峰值 U_{ip}、输出电压峰值 U_{op}，并计算放大器的闭环电压放大倍数，填入表 5-9 中。

(5) 将反馈电阻 R_f 由 100 kΩ 改为 10 kΩ，重复步骤(2)～(4)。

3. 反相加法电路

(1) 建立如图 5-18 所示的反相加法电路，数字万用表设置为测量直流电压，如图 5-18 所示。

(2) 单击仿真开关，进行仿真分析，记录 U_o。

(3) 根据电路元器件值，计算输出电压 U_o，并与测量值比较计算误差。

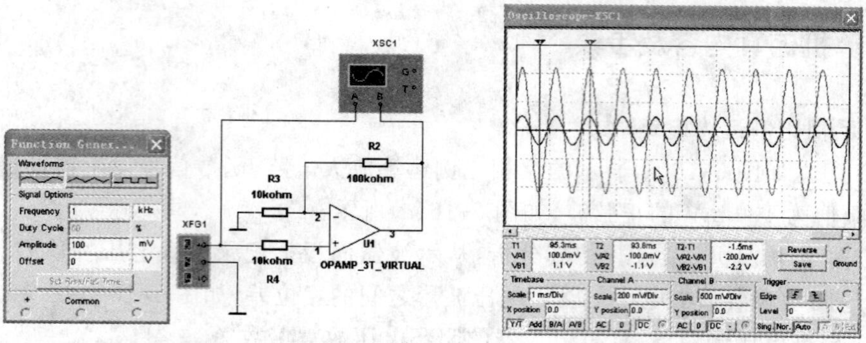

(a) 函数信号发生器设置及同相比例运算放大器　　(b) 输入与输出波形

图 5-17　同相比例运算放大电路

(4) 直流电压源设置为 $U_1=0.3$ V，$U_2=0.2$ V；$U_1=-0.3$ V，$U_2=-0.2$ V，分别进行仿真分析，记录 U_o，填入表 5-10 中。

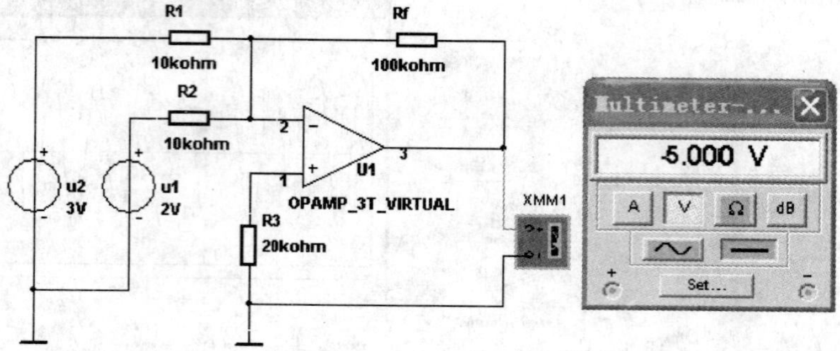

图 5-18　反相加法电路和数字万用表设置

4. 反相减法电路

(1) 建立如图 5-19 所示的减法电路，数字万用表按图 5-19 所示设置。

(2) 单击仿真开关，进行仿真分析，记录 U_o。

(3) 根据电路元器件值，计算输出电压 U_o，并与测量值比较计算误差。

(4) 直流电压源设置为 $U_1=0.3$ V，$U_2=0.2$ V；$U_1=0.3$ V，$U_2=-0.2$ V，分别进行仿真分析，记录 U_o，填入表 5-11 中。

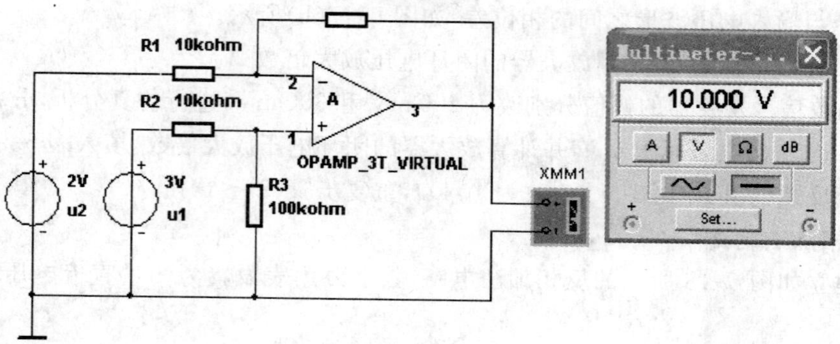

图 5-19　减法电路和数字万用表设置

六、实验报告及思考题

(1) 整理实验数据，画出输入信号、输出信号的波形，并进行比较。

(2) 将表5-8、表5-9、表5-10、表5-11中的理论值与实测值比较，分析误差产生的原因。

(3) 反相比例运算电路、同相比例运算电路的输出电压与输入电压波形之间存在什么样的相位关系？反馈电阻 R_f 的变化对放大器的闭环电压增益有何影响？

实验4 OTL功率放大器

一、实验目的

(1) 进一步理解OTL功率放大器的工作原理。

(2) 学会OTL电路的调试及主要性能指标的测试方法。

二、实验仪器

(1) 直流稳压电源、信号发生器、万用表、双踪示波器、毫伏表。

(2) 晶体三极管3DG6 (或9011) 1只，3DG12 (或9013)1只，3CG12(或9012) 1只；晶体二极管2CP 1只；8 Ω 喇叭 1只；电阻器、电容器若干。

三、实验预习要求

(1) 复习有关OTL工作原理的内容。

(2) 交越失真产生的原因有什么？怎样克服交越失真？

(3) 了解功率放大器主要指标的意义和测试方法。

(4) 按照本实验中"计算机仿真内容及步骤"，在计算机上预先进行仿真实验。

四、实验原理

功率放大器以输出较大功率为主要目的，按照三极管的工作状态可以将功率放大器分为甲类功率放大器、乙类功率放大器和甲乙类功率放大器等。OTL低频功率放大器属于甲乙类。由于OTL低频功率放大器优点较多，所以应用比较广泛。如图5-20所示为OTL低频功率放大器。其中由晶体三极管 VT_1 组成推动级(也称前置放大级)，VT_2 和 VT_3 是一对参数对称的NPN和PNP型晶体三极管，它们组成互补推挽OTL功率放大电路。

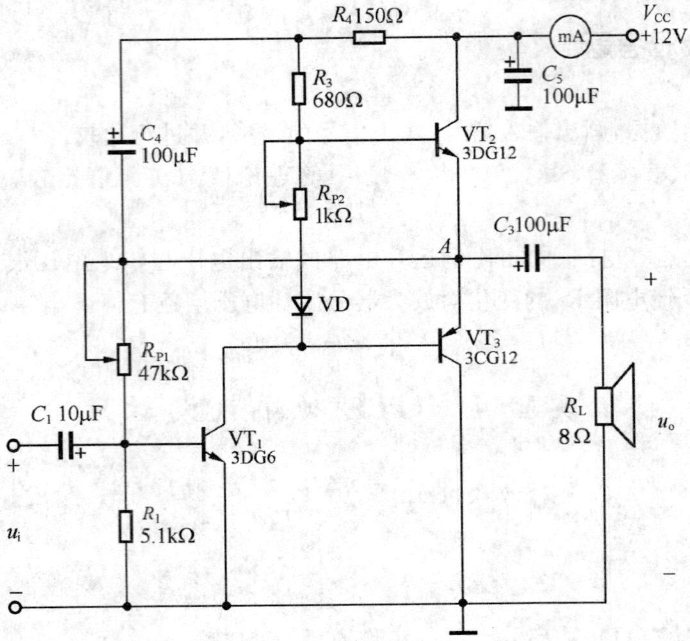

图 5-20 OTL 功率放大电路

1. 静态分析

VT_1 管工作于甲类状态，它的集电极电流 I_{C1} 由电位器 R_{P1} 进行调节。I_{C1} 的一部分流经电位器 R_{P2} 及二极管 VD，给 VT_2 和 VT_3 提供偏压。调节 R_{P2}，可以使得 VT_2 和 VT_3 得到合适的静态电流，使放大器工作于甲乙类状态，以克服交越失真。静态时要求输出端中点 A 的电位 $V_A=\frac{1}{2}V_{CC}$，可以通过调节 R_{P1} 来实现。又由于 R_{P1} 的一端接在 A 点，因此在电路中引入了交、直流电压并联负反馈，一方面能够稳定放大器的静态工作点，另一方面也改善了非线性失真。

2. 动态分析

当输入正弦交流信号 u_i 时，经 VT_1 放大、倒相后同时作用于 VT_2 和 VT_3 的基极。u_i 的负半周使 VT_2 管导通（VT_3 管截止），有电流通过负载电阻 R_L（形成输出电压 u_o 的正半周期），同时向电容 C_3 充电；在 u_i 的正半周，VT_3 管导通（VT_2 管截止），已经充好电的电容器 C_3 起着电源的作用，通过负载 R_L 放电（形成输出电压 u_o 的负半周期），这样在 R_L 上就得到了完整的正弦波。

3. OTL 电路的主要性能指标

功率放大器的指标很多，这里测试的是最关心的最大不失真输出功率 P_{om} 和转换效率 η_m。

(1) 最大不失真输出功率 P_{om}

理想情况下，$P_{om}=\frac{1}{8}\frac{V_{CC}^2}{R_L}$。实验中可以通过测量 R_L 两端的电压有效值 U_o，通过公式 $P_o=\frac{U_o^2}{R_L}$ 来求得实际的输出功率。

(2) 转换效率 η

输出功率与电源供给的功率的比值称为晶体管集电极的转换效率，用 η 表示。$\eta=\frac{P_o}{P_V}$，其中，P_o 为输出功率，P_V 为直流电源供给的平均功率。当晶体管输出最大功率时，转换效率最高，$\eta_{max}=\frac{P_{om}}{P_V}\times 100\%$，理论计算值可以达到 $\eta_{max}=78.5\%$。

在实验中，可以通过测量电源供给的平均电流 I_{om}，从而求得直流电源供给的平均功率 $P_V=V_{CC}\cdot I_{om}$，负载上的交流功率已用上述方法求出，因而也就可以计算实际效率了。

五、实验内容及步骤

应注意的问题：在整个测试过程中，电路不应该有自激现象。

1. 静态工作点的测试

按照图 5-20 连接实验电路，稳压电源与电路的连线中串入直流毫安表(用来测量直流电源供给的平均电流 I_{om})，电位器 R_{P2} 置于最小值，R_{P1} 置中间位置。接通 +6 V 电源，观察毫安表指示，同时用手触摸输出级管子，如果电流过大，管子升温显著，应该立即断开电源检查原因(例如，R_{P2} 开路，电路自激，或输出管性能不好等)。如果无异常现象，可以开始测试。

(1) 调节输出端中点电位 V_A

调节电位器 R_{P1}，用直流电压表测量 A 点电位，使 $V_A=\frac{1}{2}V_{CC}$。

(2) 调节输出级静态电流及测试各级静态工作点

先使 $R_{P2}=0$，然后将信号发生器调到 $f=1$ kHz，幅度调到最小的正弦交流信号作为 u_i，在输入端接入 u_i，用示波器观察输出端的波形。逐渐加大输入信号的幅度，开始时，输出波形应出现较严重的交越失真(注意：没有饱和失真和截止失真)。然后缓慢调节(增大)R_{P2}，当交越失真刚好消失时，停止调节 R_{P2}。去掉交流信号后再次检查 $V_A=\frac{1}{2}V_{CC}$，如果有变动再微调 R_{P1}，使 $V_A=\frac{1}{2}V_{CC}$。此时直流毫安表读数即为输出级静态(电源)电流($I_O=5\sim10$ mA)，如过大，则要检查电路。

(3) 测量各级静态工作点

输出级电流调节好以后，可以测量各级静态工作点，将测量数据填入表 5-12 中。

表 5-12　各级静态工作点　($V_A=3$ V)

	VT_1	VT_2	VT_3
V_B/V			
V_C/V			
V_E/V			

注意：①在调节 R_{P2} 时，一是要注意旋转方向，不要调得过大，更不能开路，以免损坏输出管。②输出管静态电流调好以后，如无特殊情况，不得随意旋动 R_{P2} 的位置。

2. 最大输出功率 P_{om} 和转换效率 η_{max} 的测试

(1) 测量最大输出功率 P_{om}

输入端接 $f=1$ kHz 的正弦信号 u_i，输出端先用示波器观察输出电压 u_o 的波形，逐渐增大 u_i，使输出电压达到最大不失真输出为止，然后用毫伏表测出负载 R_L 上的输出电压 U_{om}，则可以通过公式 $P_{om}=\frac{U_{om}^2}{R_L}$ 计算出最大输出功率。

(2) 转换效率 η_{max}

当输出电压为最大不失真输出时，读出直流毫安表中的电流值，此电流即为直流电源供给的平均电流 I_{om}，由此可近似求得 $P_V=V_{CC}I_{om}$，再利用公式 $\eta_{max}=\frac{P_{om}}{P_V}$ 求出转换效率。

六、计算机仿真内容及步骤

1. 观察交越失真

(1) 搭建如图 5-21(a)所示 OTL 电路，将信号源设置为 10 mV。

(2) 闭合开关 J1，单击仿真开关，进行仿真分析。注意观察示波器屏幕显示的输出波形存在交越失真，如图 5-21(b)所示。画出交越失真的波形图。

(3) 断开开关 J1，如图 5-22(a)所示，用示波器观察输出波形，此时消除了交越失真，如图 5-22(b)所示。

2. 测量 OTL 电路的静态工作点

(1) 中点电压调节。将信号源调整为 0 mV，调节 R_{P1} 使中点 A 的电位为 6 V。

(2) 静态工作点测量。利用直流电压表测量各级的静态工作点，并将结果填入表 5-12 中。

3. 测量最大输出功率 P_{om} 和转换效率 η_{max}

(1) 在图 5-21 中单击仿真开关，进行仿真分析。增大输入信号电压，直到出现削波失真，然后稍微减小一点输入信号电压，使削波现象刚好消失。记录交流最大不失真交流输出电压的峰值，同时记录直流电流 I_{om}。

(2) 根据从示波器上测出的最大不失真交流电压峰值，计算负载 R_L 获得的最大不失真输出功率 P_{om}。

(3) 当输出电压为最大不失真输出时，读出直流毫安表中的电流值，此电流即为直流电源供给的平均电流 I_{om}，由此可近似求得直流电压源供给功率 $P_V=V_{CC}I_{om}$。

(4) 根据输出功率 P_o 和电源供给功率 P_V，计算放大器的效率 η。

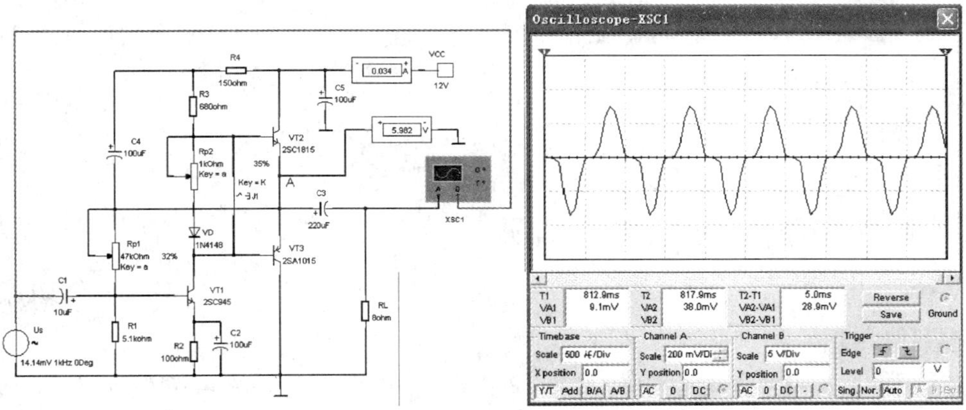

(a) 电路图　　　　(b) 输出波形

图 5-21　存在交越失真的 OTL 电路

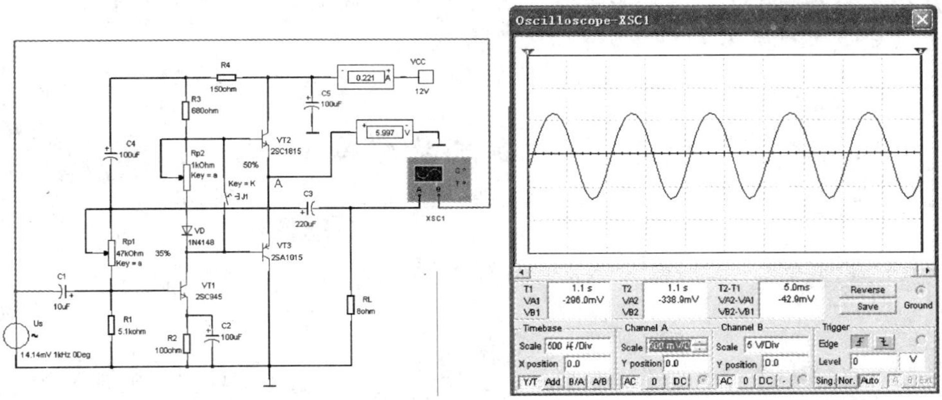

(a) 电路图　　　　(b) 输出波形

图 5-22　消除交越失真的 OTL 电路

七、实验报告与思考题

(1) 画出实验电路,说明电路特点。

(2) 整理实验数据,计算出所给放大器的最大输出功率 P_{om} 和转换效率 η_{max}。

(3) 说明当将 R_{P2} 去掉时 VT_2 和 VT_3 管被烧坏的原因。

(4) 实测效率与理想值相差较大的主要原因是什么?

第6章　综合实训

【内容简介】

本章介绍了常用的电子元器件：电阻、电容器、电感器；常见的电工工具：试电笔、电工剥线钳、电烙铁；综合实训的内容是MF47型万用表的安装与调试以及调幅(AM)广播晶体管收音机的组装与调试。

【重点难点】

熟练掌握各种电子元器件的性能和正确使用；熟练使用各种电工工具；熟练焊接技术；按照要求完成实训内容。

6.1　电路元器件的认识

6.1.1　电阻器

电阻元件是一种对电流呈现阻力的电路元件，电流流过电阻时必然要消耗能量，因此电阻元件也是消耗电能的元件。在电路中起到电阻作用的元件称之为电阻器，简称为电阻，常用符号 R 表示。常见电阻外形如图6-1所示。

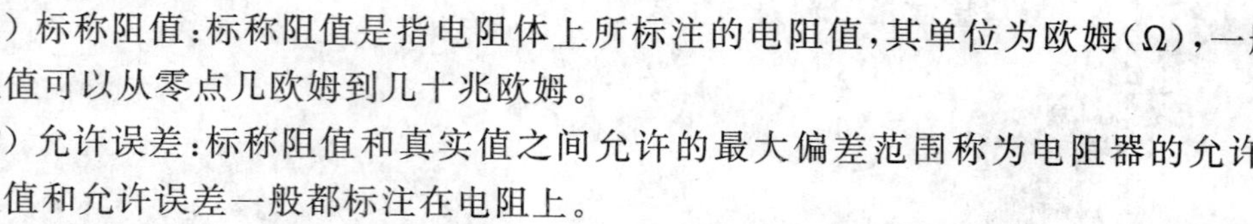

图6-1　常见电阻外形图

1. 主要技术指标

(1) 标称阻值：标称阻值是指电阻体上所标注的电阻值，其单位为欧姆(Ω)，一般电阻器的阻值可以从零点几欧姆到几十兆欧姆。

(2) 允许误差：标称阻值和真实值之间允许的最大偏差范围称为电阻器的允许误差。标称阻值和允许误差一般都标注在电阻上。

(3) 额定功率：电流流过电阻时，必然会消耗电能而发热，当流过电阻器的电流过大，电阻器温度升高到一定程度时，就会使其烧坏。为了保障电器元件或电器设备能正常工作，在一定温度下，电阻器长时间工作所允许消耗的最大功率称为额定功率。

2. 电阻器标注方法

(1) 直接标注法:在电阻器表面直接用阿拉伯数字表示出电阻值的大小。此标注方法的优点是比较直观。

(2) 文字符号法:在电阻器表面用数字和文字符号表示,其规律如图 6-2 所示。

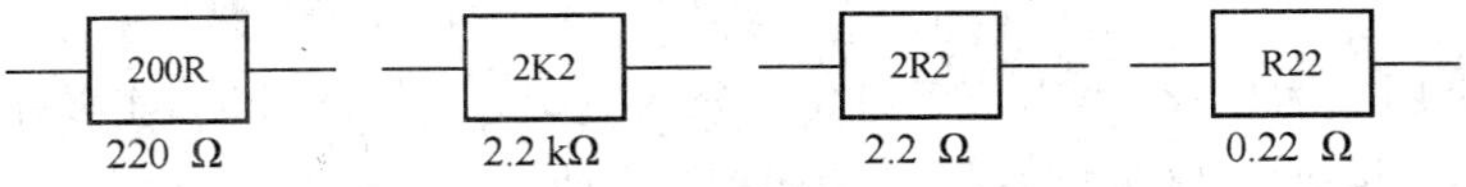

图 6-2　文字符号法

(3) 色标法:通过电阻体上的颜色识别出阻值的大小及允许误差,这种方法称为色标法。常见的色标有四环标注法和五环标注法,四环标注法一般用于普通电阻的标注,五环标注法用于精密电阻的标注。

四环电阻器标注法的意义:左边第一、第二位色环表示有效数字,第三位色环表示乘数,即有效值后面有几个零,第四位表示误差。四环电阻器标注法示意图如图 6-3 所示。

五环电阻器标注法的意义:左边第一、二、三位为有效数字,第四位表示零的个数,第五位表示误差。五环电阻器标注法示意图如图 6-4 所示。

每条色环的颜色不同,代表的数值也不同。色环代表的具体意义如表 6-1 所示。

表 6-1　色环电阻器色环的含义

颜色	有效数字	乘数(零的个数)	误差/(%)	颜色	有效数字	乘数(零的个数)	误差/(%)
棕	1	10^1	±1	灰	8	10^8	
红	2	10^2	±2	白	9	10^9	
橙	3	10^3		黑	0	10^0	
黄	4	10^4		银		10^{-2}	±10
绿	5	10^5	±0.5	金		10^{-1}	±5
蓝	6	10^6	±0.25				
紫	7	10^7	±0.1				

例如,如图 6-3 所示的四环电阻器,第一位红色代表有效数字 2,第二位黄色代表有效数字 4,第三位橙色代表零的个数为 3(或乘数为 10^3),第四位金色代表允许误差为±5%,那么该电阻的电阻值为:$24\times10^3=24\ 000\ \Omega$,允许误差为±5% 。

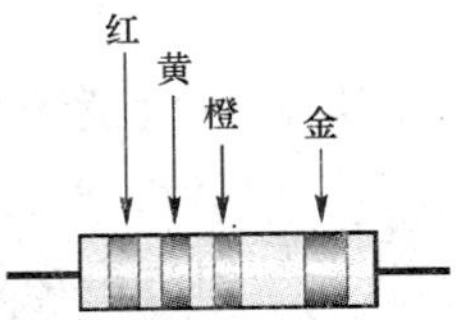

图 6-3　四环电阻器的标注

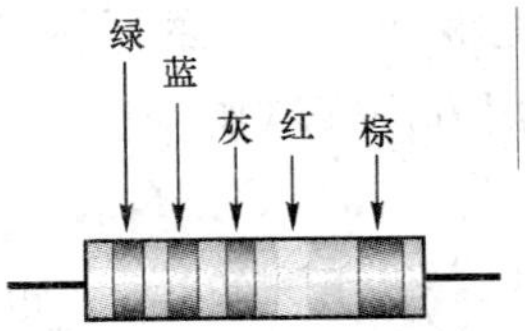

图 6-4　五环电阻器的标注

又例如,如图 6-4 所示的五环电阻器,第一位绿色代表有效数字 5,第二位蓝色代表有效数字 6,第三位灰色代表有效数字 8,第四位红色代表零的个数为 2,第五位棕色代表允许误差为±1%,则该电阻值为:$568\times10^2=56\ 800\ \Omega$,允许误差为±1%。

以上介绍的是固定电阻，除了固定电阻以外，还有可变电阻器，又称为电位器。标注方法多采用的是直接标注法，所以不再详细讨论。

6.1.2 电容器

电容器的应用极为广泛，是组成各种电路的元件之一，其特点是：能够存储电场能量，具有隔直流通交流的作用。常见电容器外形如图 6-5 所示。

图 6-5 常见电容器外形图

1. 电容器主要技术指标

(1) 标称容量：标称容量在国际单位制中，电容的单位为法拉，用 F 表示。实际上电容器的电容量比 1F 小得多，所以经常使用的单位还有微法、纳法、皮法，其换算关系为：$1\text{F}=10^6\,\mu\text{F}=10^9\,\text{nF}=10^{12}\,\text{pF}$。

(2) 额定电压：额定电压是指电容器在电路中长时间、正常工作时，所能承受的最大的直流电压。在使用时注意不要超过其额定电压，不然就有可能造成其损坏，严重时可能会使其爆炸。

2. 电容器的种类

(1) 电解电容器：是以金属和电解质为电容器的两个极性，金属为正极，电解质为负极。一般电容器的容量和负极标注在电容器上。通常一个新的电容器正极引线较长，负极引线较短。

(2) 有机介质电容器，例如，纸介质电容器、金属介质电容器、聚苯乙烯电容器等。

(3) 无机介质电容器，例如，陶瓷电容器、云母电容器、玻璃等无机介质电容器。

(4) 可变电容器，可变电容器又分单联、双联和多联可变电容器。

3. 电容器质量检测

在没有专用电容表的条件下，电容器的好坏及质量高低可以用万用表的电阻挡加以判断。

(1) 无极性电容器的质量检测

可以用万用表欧姆挡($R\times10\text{k}$)测量电容器两端，表针应向右微微摆动，然后迅速摆至"∞"，这说明电容器是好的。如果测量时，万用表的指针一下向右摆到"0"之后，并不回摆，说明该电容器已击穿短路，不能用了。又如测量时，万用表的表针向右微微摆动之后，并不回摆到"∞"说明该电容器有漏电现象，其电阻越小，漏电越大，该电容器的质量越差。再如测量时，万用表的表针没有摆动，说明该电容器断路了，也就不能用了。

(2) 电解电容器的质量检测

在电路中，电解电容器的正极接电位较高的点，负极接电位较低的点，极性接错了，电容器有击穿爆裂的危险。外壳上，用"＋"或"－"号分别表示正极或负极，靠近"＋"号的那一条引线就是正极，另外的一条引线就是负极。

检测时，一般万用表的欧姆挡($R\times 1k$)，红表笔接电容负极，黑表笔接电容正极，迅速观察万用表指针偏转状况，测量时首先表针向右偏转，然后表针慢慢地向左回叠，并稳定在某一数值上。表针稳定后得到阻值是几百千欧以上，则被测的电容器就是好的。测量电解电容器的绝缘阻值，如果测量时，万用表的指针没有向右偏转的现象，则说明该电容器的电解液已干涸不能使用了。如果测量时，万用表的指针有向右偏转到很小的数字，甚至为“0”，且指针没有回叠的现象，则说明该电容器已被击穿不能使用了。如果测量时，万用表的指针向右偏转，然后指针慢慢回叠，但最后稳定的数字在几百千欧以下，则说明电容器有漏电现象发生，一般也不能使用了。

(3) 可变电容器的检测

可变电容器分为单连电容器和双连电容器，单连可变电容器只有动片和定片之分，与轴相连的为动片，另一片为定片。双连电容器有三个引出线，中间的是动片，另外的两个是定片。检测前，首先分清动片和定片，然后来回转动转轴，感觉转动是否灵活，转不动或转不灵活的就不能使用了。检测时，一般用万用表的欧姆挡($R\times 1k$)，把万用表的表笔分别与可变电容器的动片和定片相连接，来回缓慢转动其转轴，观察万用表的指针情况，如果万用表的指针始终在刻度线的“∞”处，则说明该可变电容器是好的；如果转轴转动时，万用表的指针在欧姆刻度线的“0”处或有摆动的现象，则说明可变电容器的动片和定片之间有短路，不能使用。

6.1.3 电感器

电感器即电感线圈，电感线圈是由导线绕制而成的，当线圈中通过电流时，内部及周围就会产生磁场，磁场中存储着能量。电感就是反映线圈存储磁场能量的电路元件，在电路中具有通直流，阻碍交流的作用。

1. 电感器的主要技术指标

(1) 电感量：电感量是描述载流线圈中磁通大小与电流关系的物理量。国际单位制中，其单位为亨利(H)，常用单位还有毫亨(mH)、微亨(μH)、纳亨(nH)。

换算关系是：$1H=10^3 mH=10^6 \mu H=10^9 nH$。

(2) 额定电流：额定电流是电感线圈正常工作时允许通过的最大电流。额定电流的大小与绕制线圈导线的粗细有关。在使用过程中当电流超过额定电流时，线圈将有可能因温度过高而被烧坏。

(3) 分布电容：因为电感线圈是由导线绕制而成，所以层与层之间都会存在分布电容，在电路中分布电容的存在，会使电路的品质因数有所下降，并使电感线圈工作频率低于理想线圈的固有频率。在高频电路中应用会有较大的影响。

2. 电感器的分类

电感器的种类很多，按结构特点分为单层电感线圈、多层电感线圈和蜂房式电感线圈；按电感量的变化与否可以分为固定电感器、可变电感器及微调电感器；按介质材料不同分为空心线圈、铁心线圈和磁心线圈等。

3. 电感线圈的测量

电感线圈的精确测量要借助专用电子仪表，在不具备专用仪表时，可以用万用表测量电感线圈的电阻来大致判断其好坏。一般电感线圈的直流电阻应很小，低频扼流圈的直流电阻最多只有几百欧至几千欧，当测得线圈电阻为无穷大时表明线圈内部或引出端已断线。

4. 电感线圈的使用常识

在使用线圈时，不要随便改变线圈的形状、大小和线圈的距离，否则会影响线圈原来的电感量，尤其是频率越高，即圈数越少的线圈，可以用于高频线圈，一般用高频蜡或其他介质材料进行密封固定。可调线圈应安装在机器的易调节的地方，以便调整线圈的电感量，达到最理想的工作状态。

6.1.4 变压器

变压器由初级线圈、次级线圈和铁心组成，变压器能够升降交流电压。如果初级线圈比次级线圈的圈数多，是降压变压器，如果次级线圈比初级线圈的圈数多，是升压变压器。当不考虑损耗的情况下，初级电压 U_1 和次级电压 U_2 的比等于初级线圈 N_1 和次级线圈 N_2 的比，也就是 $U_1/U_2=N_1/N_2$。

变压器的分类是根据变压器用在不同的交流电频率范围而分为低频、中频、高频。低频变压器都有铁心，中频和高频变压器一般是空气心或用特制的铁粉心。

1. 低频变压器

低频变压器可分为音频变压器和电源变压器，音频变压器在放大电路中的主要作用是耦合、倒相、阻抗匹配等。要求音频变压器的频率特性好，分布电容和漏感小。音频变压器有输入输出之分。输入变压器是接在放大器输入端的音频变压器，它的初级一般接在话筒，次级接放大器的第一级。不过晶体管放大器的低放与功放之间的耦合变压器习惯上也称为输入变压器。输出变压器是接在放大器输出端的变压器，它的初级接在放大器的输出端，次级接负载(喇叭)。它的主要作用是把喇叭的较低阻抗，通过输出变压器变成放大器所需的最佳负载阻抗，使放大器具有最大不失真输出。

电源变压器一般是将 220 V 的交流电变换为所需的低压交流电，以便整流、滤波、稳压而得到直流电，作为电路的供电电源用。

2. 中频变压器

中频变压器(俗称中周)是超外差收音机和电视机的中频放大器中的重要元件。它对收音机的灵敏度、选择性，电视机的图像清晰度等整机技术指标都有很大影响。中频变压器一般和电容(外加或内带)组成谐振回路。

3. 高频变压器

收音机里所用的振荡线圈、高频放大器的负载回路和天线线圈都是高频变压器。因为这些线圈用在高频电路中，所以电感量很小。

4. 变压器的检测及使用常识

检测变压器最简便的方法：选择万用表的 $R\times10$ 挡，分别测量初级线圈和次级线圈的电阻值，阻值在几欧至几百欧之间。

使用常识：使用电源变压器时，要分清它的初级和次级。对于降压变压器来说，初级的阻值比次级的阻值要大。在电路里，电源变压器是要放热的，必须考虑到安放位置要有利于散热。

6.2　常见电工工具及其使用

常见的电工工具有：试电笔、电工剥线钳、电烙铁、电工刀等多种，这里主要介绍实验或实训中经常使用的试电笔、剥线钳、电烙铁。

6.2.1　试电笔

试电笔主要由氖泡、电压显示窗口和大于 10 MΩ 的碳电阻组成。当被测电压达到 60 V 以上时，氖泡将产生辉光放电现象，发出红光，电压显示窗口显示出电压值。试电笔结构如图 6-6 所示。

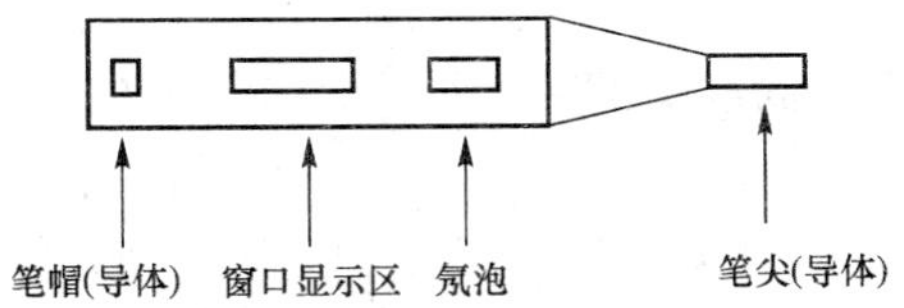

图 6-6　试电笔结构

试电笔使用方法：使用者站在地上，用手接触笔帽（导体），笔尖接触被测电源，此时人体、测试笔、大地构成一个回路，当被测电压达到启辉电压，氖泡就会发光。由于碳电阻阻值很大，流过人体的电流就很小，可以保证人身安全，但注意不能用试电笔测量高电压，否则会造成人身伤害。试电笔一般测量电压范围为 100～500 V。

试电笔常用来判别电源的火线和零线，用试电笔接触火线时，氖泡就会发光，如果用试电笔接触零线时，氖泡就不发光。

6.2.2　电工剥线钳

电工剥线钳是制作细缆时的必备工具，它的主要功能是用来剥掉细缆导线外部的两层绝缘层。剥线钳上共有三个刀片，分别用于剥掉外层绝缘层、中间金属屏蔽层和内部绝缘层。实物图如图 6-7 所示。

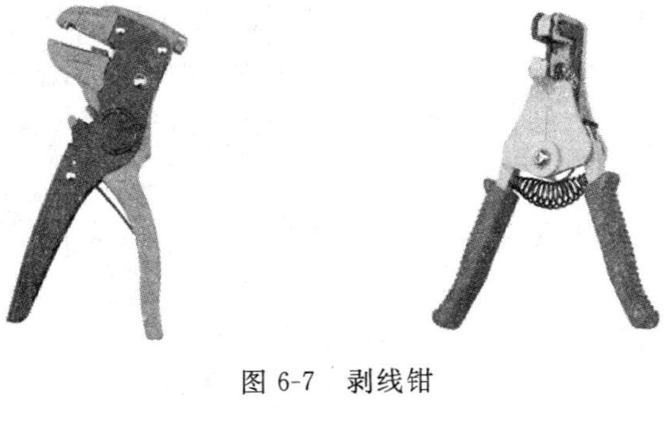

图 6-7　剥线钳

电工剥线钳的特点是：

(1) 适用较细导线的剥线。

(2) 精确剥线孔与导线直径完全匹配，保证精确剥线而无须调节。

(3) 采用复位弹簧。

(4) 采用专用工具钢材料，并经过特殊淬火和退火处理。

6.2.3 导线的连接与绝缘的恢复

在实验室中，经常会使用导线连接电路，导线本身连接好坏关系着线路和设备运行的可靠性和安全性，因此导线连接最基本要求是：连接可靠，绝缘性好，机械强度高，耐腐蚀。因此剥制出合适的导线、处理好导线的绝缘层，是做好实验的保障。

1. 导线线头绝缘层的处理

一般导线可使用剥线钳去除线头的绝缘层，对于线芯直径大于 4 mm^2 的塑料硬线，可使用电工刀根据所需线头长度以 45°角倾斜切入，刀面与线芯保持 25°角左右向前推削塑料绝缘层，不可切到线芯，将余下的线头绝缘层向后翻，用电工刀切齐即可。

2. 导线与导线的连接

(1) 铜心导线的连接方法：把去除绝缘层及氧化层的两根导线的线头成 X 形交叉，互相绕 2～3 圈，扳直两线头，紧贴芯线再绕 5～6 圈，多余的线头剪去。

(2) 多股软线导线的连接，应先把线芯绞紧，再进行上述步骤。

3. 导线绝缘的恢复

用绝缘黑胶带从距切口处约 40 mm 的绝缘层开始包缠，缠绕时应该采用斜叠法。包缠绝缘胶带不可过疏，更不可漏出线芯来。

6.3 手工焊接技术

在电气设备的安装与维修过程中，经常遇到电子元器件的安装和更换，因此需要掌握焊接技术及其要领，并能熟练地进行焊接操作。

1. 电烙铁

电烙铁是手工焊接电子元器件的基本工具，通常由烙铁头、烙铁芯、连接杆和手柄四部分组成。它有内热式和外热式两种。

(1) 外热式电烙铁：外热式电烙铁是广泛使用的普通型电烙铁，它结构简单，使用轻便。一般以功率的大小来选择合适的电烙铁，电烙铁功率太大，温度过高则容易烫坏元器件或使印制电路板的铜箔脱落；功率太小，温度过低则焊锡不能充分溶化，造成焊点不光滑，焊接不牢固。

焊接印制电路板时，一般选择 25 W 电烙铁即可。外热式电烙铁还有 20 W，30 W，35 W，50 W，75 W，100 W 等常见烙铁。

(2) 内热式电烙铁：内热式电烙铁的烙铁芯是由镍铬电阻丝缠绕在瓷管上，装在烙铁头里面，因此而得名。它的特点是体积小，升温快，热效率高，主要应用于印制电路板。

2. 焊锡与助焊剂

（1）焊锡：焊接时所使用的焊锡是铅和锡以 63%和 37%不同比例熔成的共晶焊锡，其熔点 183 ℃。它的特点是熔点低、凝固快、流动性强、不易氧化、机械性好。

（2）助焊剂：助焊剂在焊接过程中有利于去除被焊接金属表面的氧化层，增强焊锡的流动性，使焊点美观、坚固。经常使用的助焊剂是松香和松香酒精，主要特点是助焊能力强、绝缘性好。

3. 焊接方法及要点

焊接基本可以分为以下几个步骤。

（1）预焊：把要焊接元器件部位进行清理，去除氧化层。我们知道金属暴露在空气中，很快就会被氧化，氧化膜妨碍焊接，导电性也不好，容易形成虚焊，时间长了就会松动，造成接触不良，使电路无法正常工作。因此，焊接前一定要把焊接点金属表面清除干净，即使是已镀锡的元器件，因存放时间太久氧化了，也一定把氧化膜清除干净重新搪锡后再焊接。一般不太清洁的焊接点表面浸锡性较差，焊锡好像荷叶上的水珠，很难吸附到焊接点，当焊接点较清洁时，焊接点既光滑又干净。

（2）焊接：右手拿电烙铁，左手拿焊锡，将烙铁头斜刃口处对准元件或引线焊接点，同时焊锡也放到焊接点，观察焊锡是否充分熔化，待焊锡充分熔化后，立即把焊锡和烙铁拿开。此工序既要掌握烙铁温度也要把握好焊接加热时间，一般小焊点 1～2 s，大焊点 3～5 s，一个焊点尽量一次焊成，需要重焊的焊点应该冷却后再焊（注意烙铁头应以 45°角方向撤离）。焊接示意图如图 6-8 所示。

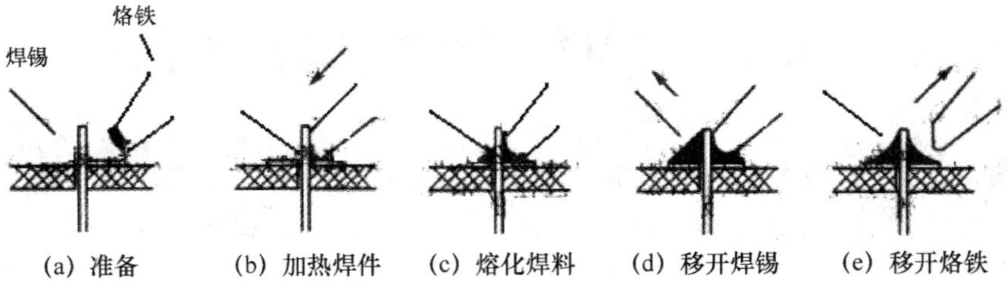

图 6-8　焊接示意图

（3）焊接后的处理：焊接后，应该将粘结在电路元件上的锡粒，用镊子或刮刀清除干净。淌在电路板上、导线上的焊剂残渣及焊接时形成的白色薄膜用纱布蘸酒精进行擦揩。清洗后的焊点表面既清洁又光亮。

4. 焊接注意事项

（1）焊接时间：整个焊接过程为 2～5 s，焊接加热时间过长，焊锡容易流散，如果流散的焊锡和其他焊点连接，容易造成短路。时间过短，达不到焊接温度，焊锡不能充分熔化，容易造成虚焊。焊锡熔化多少，也决定焊点的大小和质量。焊锡熔化太多焊点难看不光滑，焊锡熔化太少，容易使焊点机械强度降低，出现假焊、虚焊的现象。焊点形状及其好坏如图 6-9 所示，其中(a)和(b)为焊点正确形状。

（2）电烙铁功率选择：电烙铁功率选择要适当，功率太小，烙铁温度不够，热量不足，焊锡不容易熔化，焊点就会像豆腐渣状。若焊锡凝固前焊点移动，也会出现上述现象。

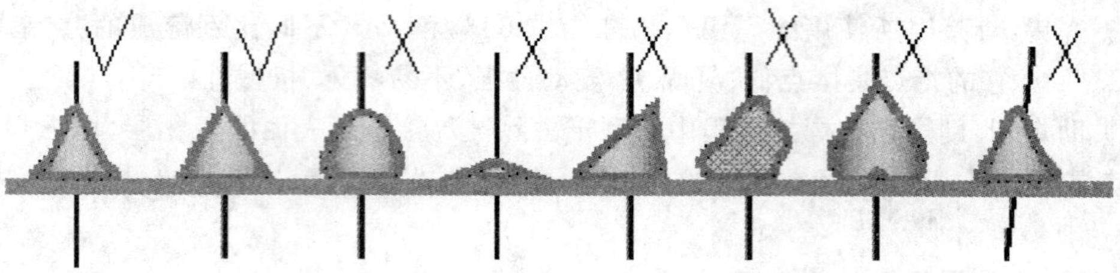

图 6-9 焊点形状

5. 拆焊方法

调试或维修电子产品的时候，经常需要更换一些电子元器件，如果操作方法不当，会使元器件或印制电路板损坏，所以需要掌握一些必要的拆焊技术。

(1) 一般的电阻、二极管、三极管、电容等简单元件，直接利用电烙铁进行拆焊，具体操作方法是：一边用电烙铁加热元器件的焊点，一边用镊子夹住元器件，轻轻往外拉。

(2) 对于焊点较多、难于拆焊的元件，要用吸锡烙铁或吸锡器吸净焊点上的焊锡；在没有吸锡器和专门工具时，可以利用废弃的屏蔽网线或多股导线浸些松香作为吸锡材料，用吸锡材料对准焊点用烙铁加热吸锡材料，使焊点熔化，这样焊锡被吸附在吸锡材料上，进行多次操作即可。此方法缺点是容易损害元器件，因此操作时间要短，需要多次练习，以达到一定的技术水平。

6.4 MF47 型万用表的组装

作为综合实训，万用表的安装与调试与电路分析的基础知识是紧密相关的，通过本次实训，既可以应用电路中所学过的基础知识，又可以认识电子元器件、练习综合调试与焊接等技术。

一、实训目的

(1) 掌握常用元器件的识别方法与测试方法。

(2) 熟悉常用电工工具和仪器仪表的使用方法。

(3) 了解电子工艺方面的基本知识。

(4) 提高独立运用所学知识分析问题、解决问题的能力，培养科学、严谨的工作作风。

二、MF47 型万用表工作原理

万用表分为指针式和数字式两种。本次安装的为指针式万用表。指针式万用表是由表头、电阻挡、直流电流挡、直流电压挡和交流电压挡等几个部分组成，各部分共用一个表头。各部分功能如下(图中“COM－”为黑表棒插孔，“＋”为红表棒插孔)。

1. 直流电流挡电路

MF47 型万用表表头灵敏度为 46.2 μA，表头灵敏度是指表头指针满偏时，允许通过的最大电流值，灵敏度越高，电流值越小。实际电路中，是将表头通过并联分流电阻达到扩大量程的目的，实际电路如图 6-10 所示。

(1) 表头

表头满偏电流：$I_m = 46.2\ \mu A$（给定条件），利用分流原理，与表头并联一个分流电阻，使等效表头满偏电流 $I_{表} = 50\ \mu A$。在图 6-10 中可以计算出：

分流电阻中的电流　$I_x = \frac{2.5 \times 46.2}{30} = 3.8\ \mu A$

等效表头的满偏电流　$I_{表} = I_m + I_x = 50\ \mu A$

分流电阻　$R_{21} + WH_1 = 20\ k\Omega + 10\ k\Omega = 30\ k\Omega$

等效表头内阻　$R_S = 30\ k\Omega // 2.5\ k\Omega + R_{22} = 2.31\ k\Omega + 2.69\ k\Omega = 5\ k\Omega$

表头满偏电压　$U_m = I_{表} \times R_S = 50\ \mu A \times 5\ k\Omega = 0.25\ V$

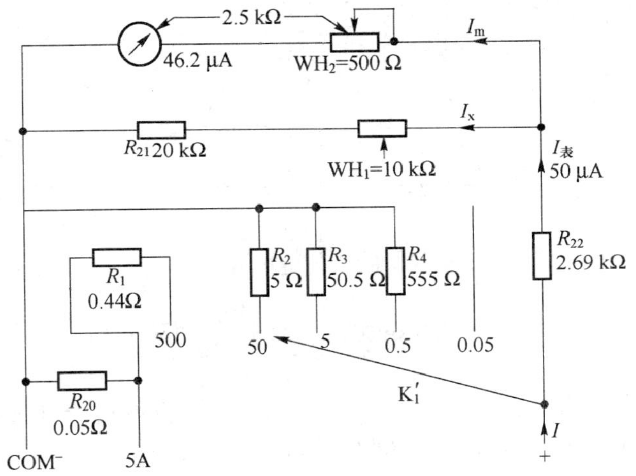

图 6-10　直流电流挡电路

(2) 量程设计举例

① 0.05 mA 挡：将 K_1'→(空挡)0.05，则

$$I = I_{表} = 50\ \mu A = 0.05\ mA$$

② 500 mA 挡：将 K_1'→500，则

$$I = \frac{U_m}{R_1 + R_{29}} + I_{表} = \frac{0.25\ V}{(0.44 + 0.05)\Omega} + 50\ \mu A \approx 500\ mA$$

③ 5 A 挡：将 K_1'→5A，则

$$I = \frac{U_m}{R_{29}} + I_{表} = \frac{0.25\ V}{0.05\ \Omega} + 50\ \mu A \approx 5\ A$$

2. 直流电压挡电路

直流电压挡电路如图 6-11 所示。

(1) 工作原理

在实际电路中，等效表头的满偏电压为

$$U_m = 50\ \mu A \times 5\ k\Omega = 0.25\ V$$

要测量大的电压，需要利用串联电阻分压的原理，即分别串联不同阻值的电阻以达到扩大量程的目的。

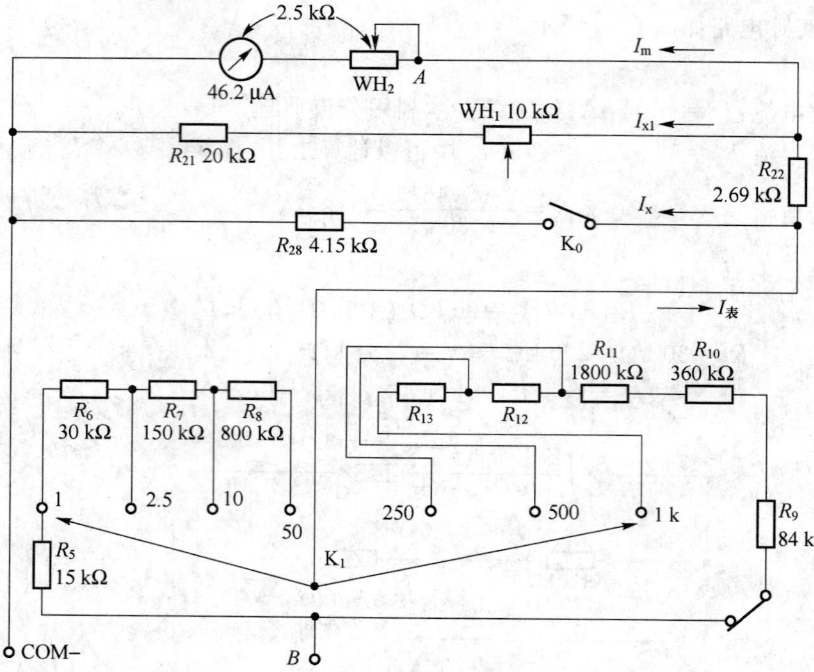

图 6-11　直流电压挡电路

（2）量程设计举例

① 50 V 以下量程：开关 K_0 断开，等效表头电流 $I_{表} = 50\ \mu A$，等效表头电阻 $R_S = 50\ k\Omega$。1 V 量程，

$$U = (R_5 + R_S) \times I_{表} = (15\ k\Omega + 5\ k\Omega) \times 50\ \mu A = 1\ V$$

② 50 V 以上量程：开关 K_0 闭合，此时，表头等效电流，

$$I'_{表} = I_{表} + I_x = 50\ \mu A + \frac{0.25\ V}{4.15\ k\Omega} = 50\ \mu A + 60.24\ \mu A = 110.24\ \mu A$$

表头等效电阻，

$$R'_S = 5\ k\Omega // 4.15\ k\Omega = \frac{5 \times 4.15}{5 + 4.15}\ k\Omega \approx 2.3\ k\Omega$$

250 V 量程，

$$U = (R_9 + R_{10} + R_{11} + R'_S) \times I'_{表} = (84\ k\Omega + 360\ k\Omega + 1800\ k\Omega + 2.3\ k\Omega) \times 110.24\ \mu A \approx 250\ V$$

3. 交流电压挡电路

MF47 型万用表的表头是磁电式仪表，只能测量直流，如果测量交流，可以采用整流器转换装置，一般由半波整流和全波整流电路组成。此处采用半波整流，交流电压挡电路如图 6-12 所示。

（1）工作原理

表头采用半波整流，流过表头的电流为单向脉动电流，通常用它的平均值与直流电流等效，即表头的平均电流为

$$I_{表} = \frac{1}{2\pi}\int_0^{\pi} \sqrt{2} I_2 \sin\omega t\, d(\omega t) = \frac{\sqrt{2} I_2}{\pi} = 0.45 I_2$$

表头等效电流：

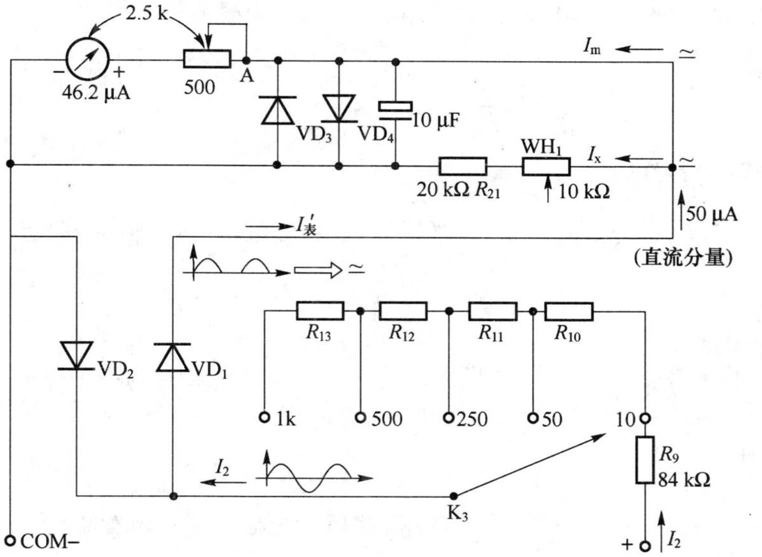

图 6-12　交流电压挡电路

$$I_{表}(直流分量)=I_m+I_x=46.2\ \mu A+\frac{2.5\ k\Omega\times 46.2\ \mu A}{30\ k\Omega}=50\ \mu A$$

表头等效电阻：

$$R_S=2.5\ k\Omega//30\ k\Omega=\frac{2.5\times 30}{2.5+30}=2.31\ k\Omega$$

$$I_2=\frac{I_{表}}{0.45}=\frac{50\ \mu A}{0.45}=111.1\ \mu A$$

(2) 量程设计举例

50 $\underset{\sim}{V}$ 量程：

$$U=I_2\times(R_9+R_{10})+U_D+U_{表}$$
$$=111\times10^{-6}\times(84\times10^3+360\times10^3)+0.6+(2.31\times10^3\times50\times10^{-6})\approx 50\ V$$

(3) VD_3 和 VD_4 的作用

VD_3 和 VD_4 的作用是保护表头。

4. Ω 挡电路

工作原理：应用万用表测量电阻时，应该把转换开关 K 拨到“Ω”挡的位置，使用内部干电池作电源，测量电路由外接的被测电阻 R_x，WH_1，R_{14}，R_{15}，E 和表头等部分组成闭合回路，形成的电流使表头指针偏转，进而达到测量电阻的目的。如图 6-13 所示为一个最简单的欧姆表的等效电路。

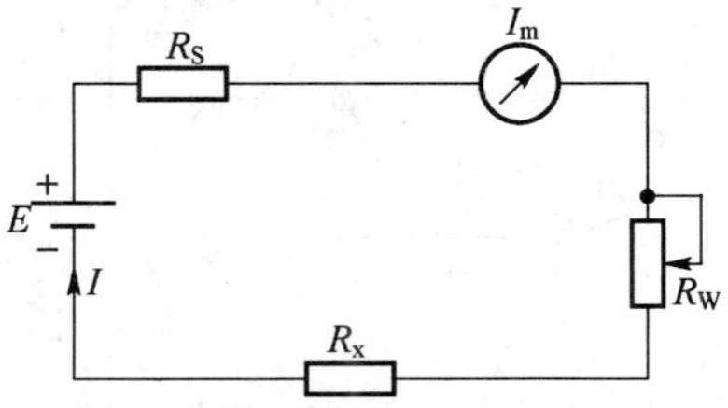

图 6-13　简单欧姆表等效电路

图 6-12 中 R_x 为被测电阻，表头的电阻为 R_S，R_W 为限流电阻，E 为表内电源，电路中电流为 I。则：

$$I=\frac{E}{R_S+R_W+R_x}\quad（设\sum R=R_S+R_W）$$

当被测电阻 $R_x=0$ 时，

$$I'=\frac{E}{\sum R}=I_m\qquad（指针满偏，电流最大，阻值为零）$$

$R_x=\sum R$ 时，

$$I''=\frac{E}{2\sum R}=\frac{1}{2}I_m（指针指向表盘中间，\sum R 称为中值电阻）$$

$R_x=2\sum R$ 时，

$$I''=\frac{E}{3\sum R}=\frac{1}{3}I_m（指针指向表盘中偏左位置）$$

$R_x\to\infty$ 时，

$$I\approx 0（指针不动，在机械零点，电流为零，阻值最大）$$

从以上分析可以看出，I 和 R_x 不成线性比例，被测电阻越小，电路中的电流越大，反之，被测电阻越大，则电路中的电流越小。因此通过表头的电流值即可以间接反映出被测电阻的阻值。表面看来，从 0 到∞之间的所有被测阻值都包括在刻度范围之内，但是实际上只有 $\frac{1}{5}\sum R\sim 5\sum R$ 这一范围内的电阻值，才能够测量得准确，而靠近两端刻度线的测量准确度极低，也不容易读出数据。因此在使用欧姆表时，要选择合适的量程（即选择合适的中值电阻），以得到准确的测量值。为了改变欧姆表的量程（即改变中值电阻），通常的办法是给表头并联一个分流电阻。本次实训采用的欧姆挡原理电路如图 6-14 所示。

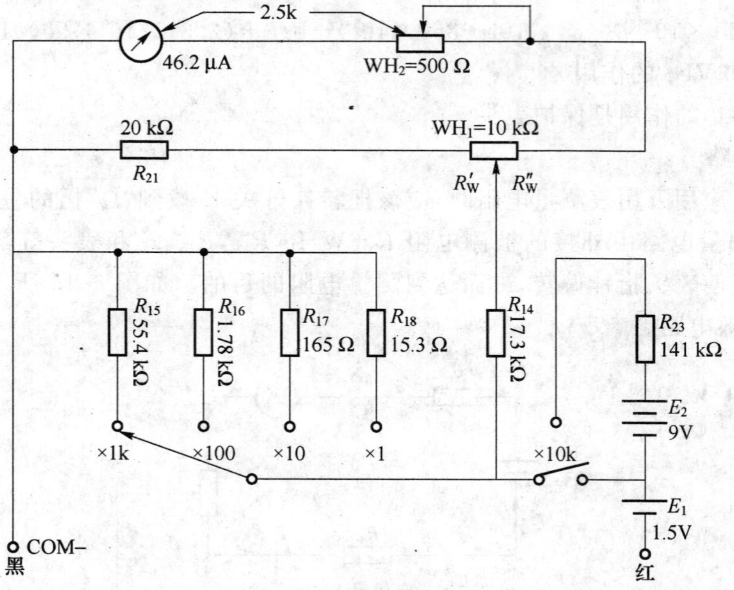

图 6-14　欧姆挡电路

(1) 表头：设可变电阻 WH_1 滑动头左边的电阻阻值等于右边的阻值，即

$$R'_W = R''_W = 5\ k\Omega$$

由于

$$R_S = (2.5\ k\Omega + R'_W)//(R_{21} + R''_W) = (2.5\ k\Omega + 5\ k\Omega)//(20\ k\Omega + 5\ k\Omega) = 5.8\ \Omega$$

所以表头等效内阻为

$$R'_S = R_S + R_{14} = (5.8 + 17.3)k\Omega = 23.1\ k\Omega$$

(2) 调零：移动可变电阻 WH_1 触头(触头向右移动)，使经过表头的电流增加(↑)，表针达到满偏(即表针指零)，达到调零的目的。

(3) 各挡电路中值电阻设计举例。

×1 挡：$R_{m1} = R'_S // R_{18} = 23.1\ k\Omega // 15.3\ \Omega \approx 15.3\ \Omega$，实际标称值 16.5 Ω(由于电池有内阻)。

×10 挡：$R_{m2} = R'_S // R_{17} = 23.1\ k\Omega // 165\ \Omega \approx 165\ \Omega$，实际标称值 16.5×10 Ω。

三、万用表的组装

1. 常用电子元器件的识别与测量

(1) 电阻元件

电阻元件阻值的识别参考 6.1 节的内容，先通过色环法直接读出电阻值，然后用万用表测量阻值是否正确，然后计算出电阻值的误差。如果误差过大，应该立即调换。

(2) 可调电阻器

可调电阻器又称为电位器，其实物如图 6-15(a)和(b)所示，(c)为电路符号。“3 端”为中心抽头，调节“3 端”可改变 1 端～3 端和 3 端～2 端之间的阻值。在实物图中轻轻拧动电位器的黑色旋钮，可以调节阻值大小。

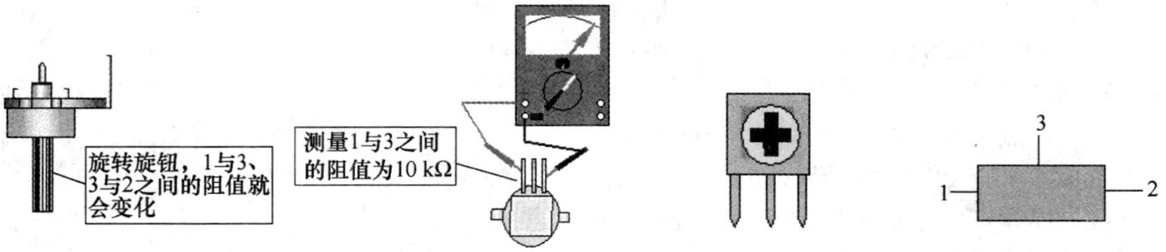

(a) 外形图1　(b) 外形图2　(c) 电位器的引脚　(d) 电位器的测量

图 6-15　可调电阻器及其测量

安装电位器时，应该首先测量电位器引脚之间的电阻值，电位器共有五个引脚〔如图 6-15(d)所示〕，其中三个并排的引脚中，1 和 2 两点为固定触点，3 为可动触点，当转动旋钮时，1 和 3 或者 2 和 3 之间的阻值会发生变化。电位器实质上是一个滑线电阻，电位器的两个粗的引脚主要用于固定电位器。安装时应该捏住电位器的外壳，平稳地插入，不应该使某一个引脚受力过大。不能捏住电位器的引脚安装，以免损坏电位器。安装前应该用万用表测量电位器的电阻值，本实训给定的调零电位器 1 和 2 为固定触点，3 为可移动触点，1 和 2 之间的阻值应该为 10 kΩ，拧动电位器的黑色小旋钮，测量 1 与 3 或者 2 与 3 之间的阻值

应在 0～10 kΩ 之间变化。如果没有阻值，或者阻值不改变，说明电位器已经损坏，不能安装使用，否则 5 个引脚焊接后，要更换电位器就非常困难。

注意：电位器要装在线路板的焊接面(即绿面)，不能装在线路板的黄色一面。

(3) 二极管

根据二极管单向导电这一特性，利用万用表欧姆挡(×10，×100 或×1k 挡)判断出二极管的极性，黑表笔接一个电极，红表笔接另一个电极，若万用表指针有一定的偏转(符合前面介绍的二极管的正向电阻数值范围)，则表明黑表笔所接的电极是二极管的正极；若万用表指针偏转很小(符合前面介绍的二极管的反向电阻数值范围)，则表明黑表笔所接的电极是二极管的负极。如果万用表指针不动或偏转为零，说明二极管已经损坏，不能再使用。二极管的外形图和电路符号如图 6-16 所示。

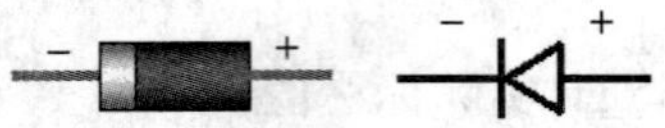

(a) 外形图　(b) 电路符号

图 6-16　二极管

(a) 外形图　(b) 电路符号

图 6-17　电解电容

(4) 电解电容

本实训使用的电容有普通电容器和电解电容器。普通电容使用时不用分极性，所以不再介绍。而电解电容在使用时，必须分正、负极性，如果使用不当，不但达不到预期的效果，甚至会损坏元器件。

电解电容极性判断：在电解电容侧面有"−"符号的一端是电解电容的负极，另一端是电解电容的正极。如果电解电容上没有标明正、负极，也可以根据它管脚的长短来判断，长脚为电解电容的正极，短脚为电解电容的负极。电解电容二极管的外形图和电路符号如图 6-17 所示。

(5) 转换开关

转换开关触点接触要紧密，导电性应该良好，旋转时既轻松又要具有弹性，打到相应的挡位时可以听到清脆的嗒嗒声，而且不应该左右晃动。

2. 焊接工艺及注意事项

(1) 焊点。焊点高度一般在 2 mm 左右最佳，焊点应该牢固光亮，没有毛刺，直径应该与焊盘大小相一致。焊点形状如图 6-8 所示。

(2) 焊锡不能粘到转换开关连接处。

(3) 焊接元器件焊点大小应该一致，引线高度相同，电容、二极管、电位器等元器件的标记应该向外，以便于核对和检查故障。

(4) 根据装配图固定支架，应该注意不要装错地方。

3. 电气原理图的正确读图

电气原理图的正确读图，是通过对原理图的学习，能够把原理图中各个功能挡分解开来，通过实训，应该熟练掌握原理图和装配图之间的转换。在原理的论述中，已经将各功能挡作了详细的介绍，不再重复。

4. 印制电路板的认识

在印制电路板上能熟练找到原理图对应的元器件，以方便检查故障。

5. 万用表的整体安装

(1) 熟练掌握焊接技术，检查元器件均完好。

（2）根据装配图焊接电阻、电位器等电路元器件。

（3）根据装配图，核对组装好的万用表，确认无误后，开始整机调试。

6. 万用表的整体调试

（1）直流电流挡的校准调试

按照图 6-18 连接电路，调节可变电阻 R_W，分别校准各个量程。

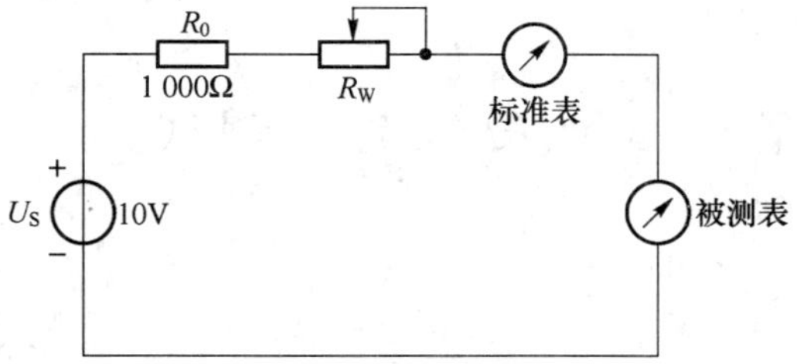

图 6-18　直流电流挡校准电路

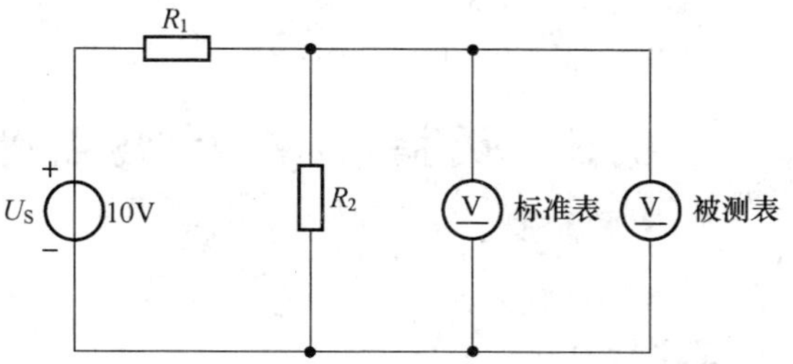

图 6-19　直流电压挡校准电路

（2）直流电压挡的校准调试

按图 6-19 连接电路，改变直流电源的电压，比较标准表和被测表的读数，确定本次组装是否正确。

（3）欧姆挡校准调试

取一个可调标准电阻箱，调节阻值为 500 Ω，15 kΩ，100 kΩ，用被校表分别测量出数值，并与标准值相比较，计算出误差来。

经过以上各挡位的分别校准调试，如果数据不正确，检查相应的电路，排除故障，完毕后可装机，盖好后盖。

四、实训报告要求

（1）使用 A4 纸，左边留出装订线，字迹清楚工整。

（2）基本电气原理图及其工作原理。

（3）简述各单元装配步骤。

（4）调试步骤。

（5）数据分析（要求：有对每挡量程测试的数据，并分析误差原因）。

（6）实训收获及其存在问题。

五、组装注意事项

（1）每个元器件在焊接之前都要用万用表检测其参数是否在规定的范围内。二极管、电解电容要检查它们的极性，电阻要测量阻值。

（2）元件一定不能插错位置；二极管、电解电容要注意极性。

（3）电烙铁通电之前，应该将电烙铁的电线拉直并检查电线的绝缘层是否有损坏，不能使电线缠在手上。通电后应该将电烙铁插在烙铁架中，并检查烙铁头是否会碰到电线、书包或其他易燃物品。电烙铁加热过程中及加热后都不能用手触摸烙铁的发热金属部分，以免烫伤或触电。

（4）万用表虽有双重保护装置，但使用的时候仍应该遵守下列规程，避免意外损坏。

① 测量高压或大电流时，为避免烧坏开关，应该在切断电源情况下，变换量程。

② 测未知量的电压或电流时，应该先选择最高量程，待第一次读取数值后，方可逐渐转至适当位置以取得较准确的读数并避免烧坏电路。

③ 测量高压时，要站在干燥绝缘板上，并一手操作，防止意外事故。

④ 电阻各挡用干电池应定期检查、更换，以保证测量精度。平时不用万用表应将挡位盘打到交流 250 V 挡。

6.5 调幅(AM)广播晶体管收音机的组装与调试

一、实训目的

(1) 掌握电子元器件的识别及质量检验的方法。

(2) 掌握一般小型电子产品的装配工艺、焊接技术、调试方法。

(3) 掌握调幅广播超外差式收音机的工作原理。

(4) 培养学生理论联系实际、分析问题、解决问题的能力及严谨的科学作风，积累实际工作经验，提高学生的综合素质和就业竞争实力。

二、实训器材

(1) 晶体管收音机套件：元器件明细如表 6-2 所示。

(2) 焊接、调试工具：电烙铁带支架、焊锡、松香、偏口钳、改锥等。

(3) 万用表一块，信号发生器一台。

表 6-2 元器件明细表

名称	个数	名称	个数
电阻器	9	二极管 IN4148	1
电位器带螺丝	1+1	线路板	1
圆片电容器	6	ϕ2.5×4 螺丝	3
电解电容器	5	ϕ3×6 自攻丝	2
可变电容器	1	弹簧	1
磁棒、线圈	1+1	正极片	1
磁棒支架	2	大拨轮	1
中频变压器	3	小拨轮	1
音频变压器	2	电线	4
三极管 9018	3	立柱	1
三极管 9014	1	ϕ4×10 螺丝	1
三极管 9013	2	机壳带喇叭	1 套
		电路图	1 张

三、收音机工作原理

调幅(AM)广播超外差式晶体管收音机框图如图 6-20 所示。天线接收到众多广播电台发射出的高频调幅波(AM)信号,经输入回路选出所需要的电台信号,将它送到变频器,经变频后输出频率为 465 kHz 的中频信号,将其送入中频选频放大器进行放大,经放大后的中频信号再送入检波器检波,还原成音频信号,音频信号再经前置低频放大器放大和末级功放进行功率放大后送到扬声器,由扬声器将音频电信号还原成声音。为了提高收音机的性能还增加了 AGC 电路。超外差式接收机是一种性能较好的接收机,具有灵敏度高、选择性好等优点。

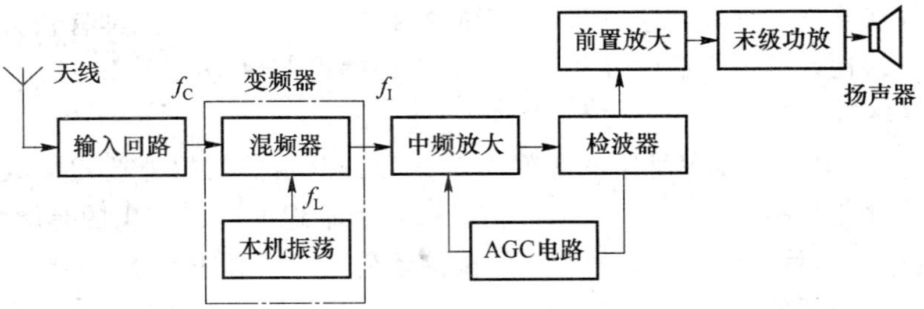

图 6-20　调幅(AM)广播超外差式收音机框图

超外差式博士-618 晶体管收音机原理电路如图 6-21 所示。

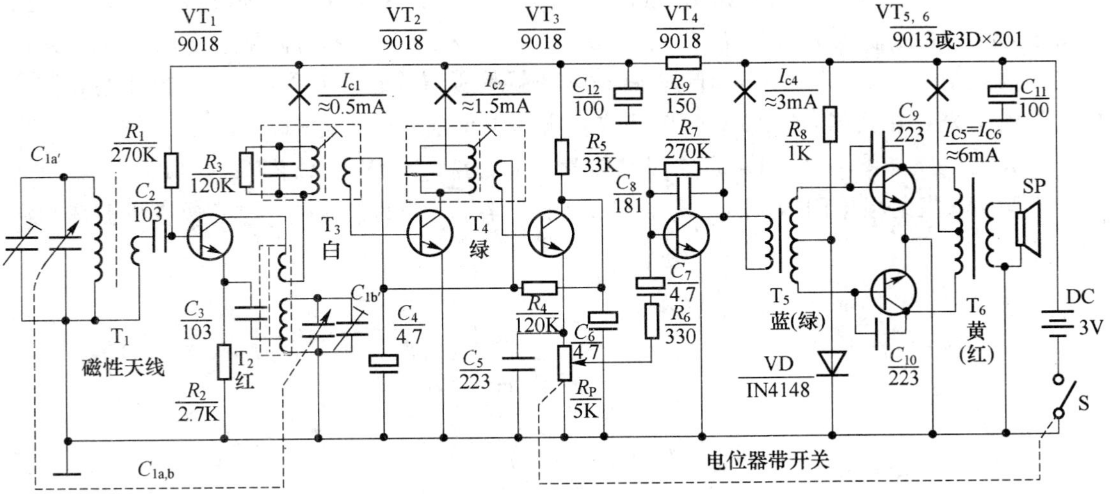

图 6-21　博士-618 晶体管收音机原理电路

1. 输入回路

输入回路如图 6-22 所示。它处于收音机电路的最前方,由 L_1,C_{1a},$C_{1a'}$ 及 L_2 和 C_2 组成。T_1 为高 Q 值磁性天线,它由一根扁长形磁棒和线圈 L_1 和 L_2 组成。中波磁棒用锰锌铁氧体材料制成,长度大于 50 mm。一般磁棒越长接收的灵敏度越高,线圈用漆包线饶制而成。C_{1a} 和 C_{1b} 为同轴的双联可变电容器,用于选择广播电台。$C_{1a'}$ 和 $C_{1b'}$ 为微调电容器,分别用于统调时调整补偿和调整高端频率刻度时调整补偿。

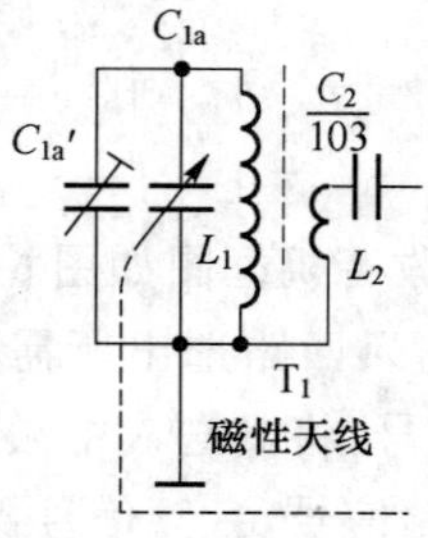

图 6-22　输入回路

磁性天线接收无线电高频信号，输入回路利用并联回路的谐振特性选择出所要收听的广播电台信号，并将它送到收音机的变频器，把那些不想收听的电台信号有效地加以抑制。因此，要求输入回路具有良好的选择性，合适的通频带(9 kHz)，还要具有较大且均匀一致的电压传输系数，良好的工作稳定性和正确的频率覆盖(535～1 605 kHz)。

2. 变频器电路

本机振荡器产生一个频率稳定的等幅振荡信号。混频器是超外差式接收机的核心部分，将天线接收到的高频调幅(AM)已调波信号通过和本地振荡器产生的等幅信号混频，产生 465 kHz 的中频信号。因为混频器和本机振荡器公用一个非线性器件(晶体管)合并为一个电路，所以称为变频器。

变频器电路是超外差收音机的关键部分，它的质量对收音机的灵敏度和信噪比都有很大的影响。它取本机振荡器产生的振荡信号频率和输入回路选择出来的电台高频信号频率的差频 465 kHz 作为中频信号输出，送往下一级。对变频器电路，要求增益要大，非线性失真要小，选择性要好，噪声系数要小，工作要稳定。本机振荡频率 f_L 要始终比输入回路选择出的高频信号 f_C 频率高 465 kHz。这种作用就是所谓的超外差作用，也是超外差式接收机名称的由来。在我国，调幅(AM)广播收音机的中频频率规定为 465 kHz。

变频器电路如图 6-23 所示。它以晶体管 VT_1 为核心及振荡线圈 T_2、中频变压器 T_3、偏置电阻 R_1、发射极电阻 R_2、阻尼电阻 R_3、耦合电容 C_3 所组成。可同时完成本机振荡和混频的作用。

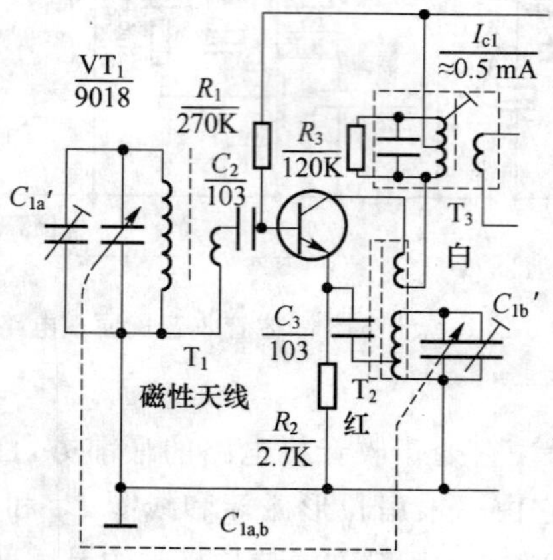

图 6-23　变频电路

本机振荡信号由振荡线圈 T_2 中间抽头经 C_3 耦合到 VT_1 的发射级，输入回路输出的电台信号经 T_1 和 C_2 耦合到 VT_1 基极，两者在 VT_1 中混频。由于晶体管的非线性作用，将产生多种频率成分的信号，其中有差频为 465 kHz 的中频信号，由于中频变压器 T_3 的谐振频率为 465 kHz，所以只有 465 kHz 的中频信号才能在这个并联谐振回路中产生电压降，而其他频率信号几乎被短路。调同轴的双联可变电容器 $C_{1a,b}$ 时，本机振荡频率 f_L 和输入回路谐振频率 f_C 同时改变，而中频频率 $f_I = f_L - f_C = 465$ kHz 不变。

3. 中频放大电路

高频载波经变频以后，把原来的高频信号变换成一个载频为 465 kHz 的中频信号，这个中频信号电压较弱，必须经过放大，然后再进行解调。中频放大电路就承担着中频电压放大的任务且具有一定的选频作用，要求带宽为 9 kHz，为满足检波电路对输入信号电平的要求，增益控制在 60 dB 左右。中频放大电路常常是自动增益控制的受控级。

中频放大器电路如图 6-24 所示。它以晶体管（VT_2）为核心和 R_4，R_5，T_4 等元件组成。在中频放大电路中，要兼顾增益、通频带和选择性，尽可能地使谐振曲线趋于理想矩形曲线。超外差收音机的灵敏度和选择性基本上由中频放大电路决定。

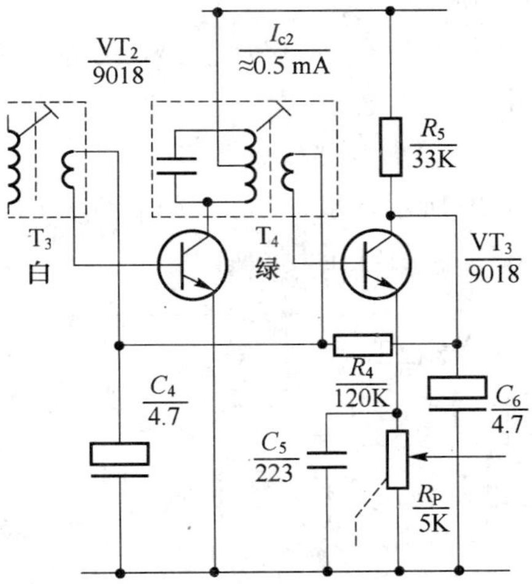

图 6-24　中频放大器电路

T_3，T_4 通常称中频变压器（或中周），是超外差收音机的重要元件，在电路中起耦合、选频和阻抗变换的作用。

4. 检波电路

在调幅（AM）广播中，从振幅受到调制的载波信号中取出原来的音频调制信号的过程称为检波，也称解调。完成检波作用的电路称检波电路或检波器。一般的检波器由非线性元件和低通滤波器组成。要求检波效率要高，失真要小。

检波器电路如图 6-25 所示。它由晶体管（VT_3），电位器（R_P），电容 C_5 和 C_7，电阻 R_6 和 VT_4 等组成。VT_3 为非线性器件当二极管使用，C_5 和 R_P 组成低通滤波器，R_6 和 C_7 为耦合元件，VT_4 作为检波器负载。

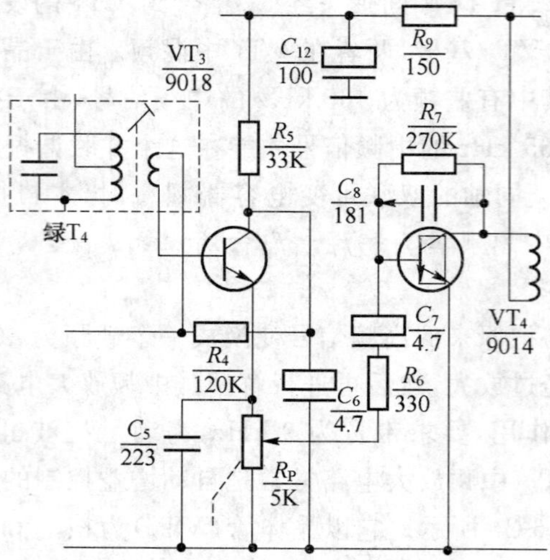

图 6-25　检波器电路

5. 自动增益控制(AGC)电路

AGC 电路的作用是当输入信号变化时，保证输出信号幅度基本恒定。电路能够产生一个随输入信号大小变化而变化的控制电压，即 AGC 电压($\pm U_{AGC}$)，利用 AGC 电压去控制某些级的增益，实现 AGC。

自动增益控制电路如图 6-26 所示。以晶体管 VT_2 和 VT_3 为核心组成，C_6 和 R_4 及 C_4 组成 π 型低通滤波器，输出 AGC 控制电压 U_{AGC}。

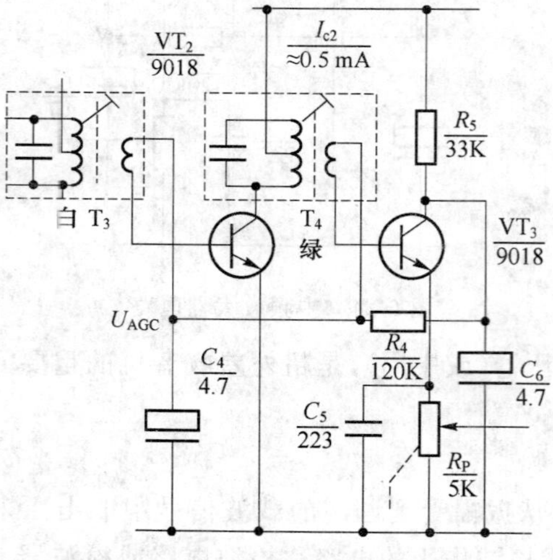

图 6-26　自动增益控制电路

通过改变中放电路晶体管(VT_2，VT_3)的工作点，达到自动增益控制的目的。当 VT_3 集电极输出信号大时，通过反馈 U_{AGC} 电压增大，使 U_B 增大，I_B 增大，β 减小，本级增益减小，使检波输出电压减小，该电路又称基极电流控制电路。确定被控管(VT_2)的工作点要兼顾增益和控制效果两方面的要求。

6. 前置放大电路

从检波以后到扬声器的这一部分电路称为低频放大电路，它通常包括前置放大器(低频电压放大器)电路和末级功放(低频功率放大器)电路两部分。其中低频电压放大电路工作在甲类,非线性失真小,电压放大倍数大,工作点稳定。

前置放大器电路如图 6-27 所示,以晶体管(VT_4)为核心和 R_6,C_7,R_7,C_8,T_5 等元件组成。为末级低频功放提供具有一定电平的音频信号。

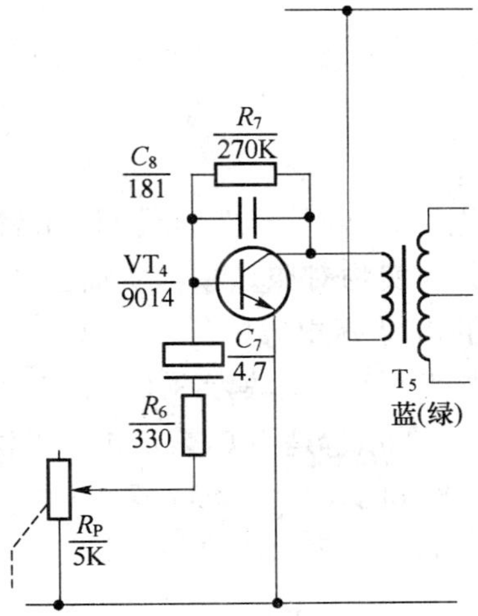

图 6-27　前置放大器电路

输出采用音频变压器(T_5)耦合,可获得较大的功率增益;R_6 和 C_7 为耦合元件;R_7 为偏置、反馈电阻;C_8 为反馈电容器,起改善音质的作用。

7. 末级功率放大器电路

末级功率放大器电路如图 6-28 所示。它是以 VT_5 及 VT_6 为核心和 R_8,VD,T_5,T_6,C_9,C_{10}等元件组成,是一种甲乙类互补推挽功率放大电路,用来推动扬声器(SP)工作。同时为了适应推挽功率级的需要,耦合变压器 T_5 的次级侧有中心抽头,把上一级的输出信号对中心抽头分成大小相等、相位相反的两个信号,分别推动推挽管(VT_5、VT_6)工作。

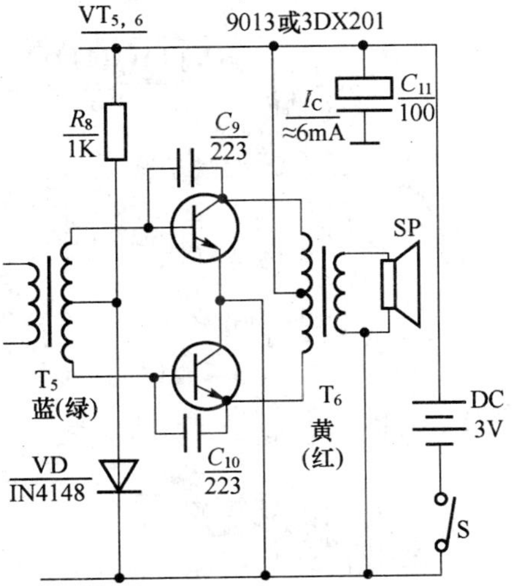

图 6-28　末级功率放大器电路

二极管 VD 和 R_8 为 VT_5，VT_6 提供静态偏置，使其工作在甲乙类，提高效率且克服交越失真，音频变压器（T_6）起阻抗变换和波形合成的作用，C_9 和 C_{10} 为反馈电容器，起改善音质的作用，C_{11} 为电解电容器，起电源去耦合作用，可提高电路工作的稳定性。扬声器将电信号转换为声音。

四、实训内容与步骤

1. 认知

按材料清单（随套件发）清点全套零件，认知元器件，了解它们的型号、规格、性能和作用，熟悉图纸上的元器件符号，并与实物对照。在本实训图中：VT 表示晶体管，VD 表示二极管，T 表示变压器，R 表示电阻，C 表示电容。

电阻的默认单位是欧姆。如 R_6 是 300，表示 300 Ω。R_1 是 270 K，表示 270 kΩ。

电解电容的默认单位是微法。如 C_{11} 是 100，表示 100 微法（100 μF）。

圆片电容器表示方式 181＝180 pF，103＝10 000 pF＝0.01 μF，223＝22 000 pF＝0.022 μF，即默认单位是皮法（pF），左起第 3 位数字表示该位零的个数。

2. 读图

按照收音机电原理图看懂印制板图。超外差式博士-618 晶体管收音机印制板电路如图 6-29 所示。以收音机为例，电子设备读图一般步骤为：

(1) 了解用途。本设备为调幅（AM）广播超外差式晶体管收音机。

(2) 化整为零。本设备可划分为天线、输入回路、变频电路、中频放大电路、检波电路、自动增益控制（AGC）电路、前置电压放大电路、末级功率放大电路和扬声器（喇叭）。

(3) 找出通路。直流通路（偏置电路）和交流信号通路。

(4) 抓住联系。耦合元件、输入电阻和输出电阻。

(5) 估算指标。灵敏度、通频带、选择性、放大倍数、输入电阻和输出电阻、检波效率、频率范围、输出功率、效率等。

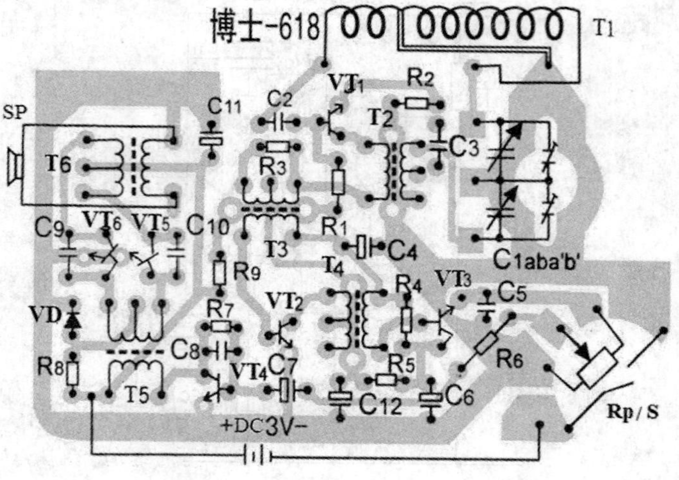

图 6-29　博士-618 收音机印制板电路

3. 检测元器件

在安装之前，需要对所有的元器件进行检测，保证元器件质量达到要求。用一块万用表测量元器件的电阻值。测量结果如表 6-3 和表 6-4 所示。

表 6-3　变压器内阻的测量（万用表 Ω×1 挡）

磁性天线（T_1） 初级为 3.8 Ω；次级为 0.8 Ω	振荡线圈（T_2、红） 初级为 0.3 Ω；次级为 0.3 Ω，3.8 Ω
中频变压器（T_3、白） 初级为 1.0 Ω，3.8 Ω；次级为 3.8 Ω	中频变压器（T_4、绿） 初级为 2.4 Ω，3.0 Ω；次级为 1.0 Ω
音频（输入）变压器（T_5、蓝、绿） 初级为 180 Ω；次级为 85 Ω，85 Ω （注：万用表 Ω×10 挡）	音频（输出）变压器（T_6、黄、红） 初级为 6 Ω，6 Ω；次级为 0.8 Ω

表 6-4　元器件的检测

类别	测量内容	电阻挡	参考值
R	电阻值	Ω	见电阻上的色环标识
VD	正、反向电阻值	Ω×100	$R_{正}$=1.0 kΩ 左右，$R_{反}$=∞
VT	NPN 型晶体管（e、b、c 间）正、反向电阻值	Ω×100	高频管 9018，$R_{正}$=1.4 kΩ 左右，$R_{反}$=∞ 低频管 9013 和 9014，$R_{正}$=1.2 kΩ 左右，$R_{反}$=∞
T	绕组电阻 绕组与壳绝缘电阻	Ω×1 Ω×1 k	如表 6-3 所示 中频变压器绕组与壳绝缘电阻为无穷大
CC	圆片电容的绝缘电阻值	Ω×1 k	绝缘电阻值为无穷大
CD	电解电容器绝缘电阻及质量	Ω×1 k	指针应摆动一下，然后退回到机械零位。摆动程度视容量大小而异，大容量摆动角度大，且返回原位的速度较慢。如果不能返回原位，则说明电容漏电，一般不能采用

4. 安装

要认真细心地进行元器件安装，元器件安装质量及顺序直接影响整机质量，合理的安装需要思考及经验。部分元器件的安装顺序及要点如表 6-5 所示。

表 6-5　部分元器件的安装顺序及要点（分类安装）

序号	内容	注意要点
1	安装 T_2，T_3，T_4	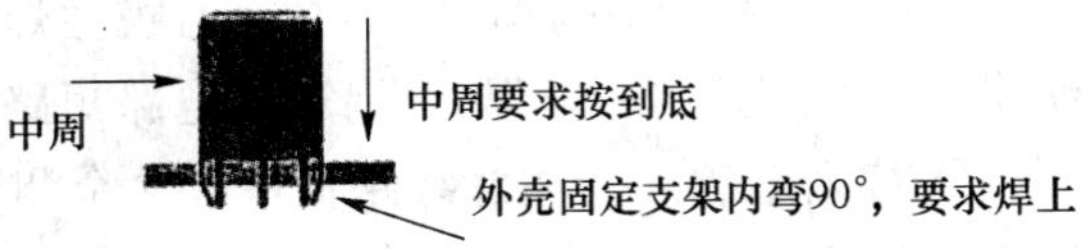
2	安装 T_5，T_6	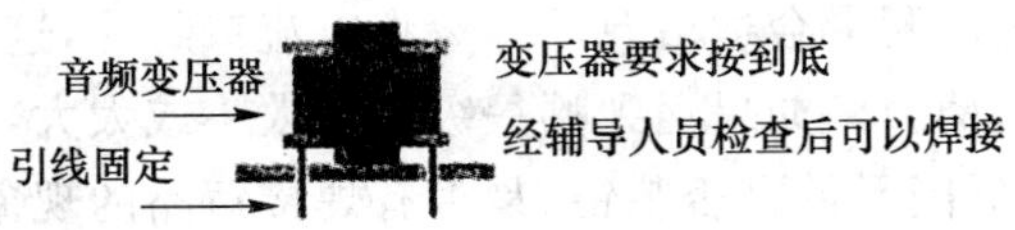

续表

序号	内容	注意要点
3	安装 $VT_5 \sim VT_6$	 注意色标、极性及安装高度
4	安装全部 R	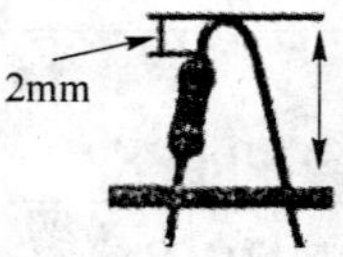 色环方向保持一致，注意安装高度
5	安装全部 C	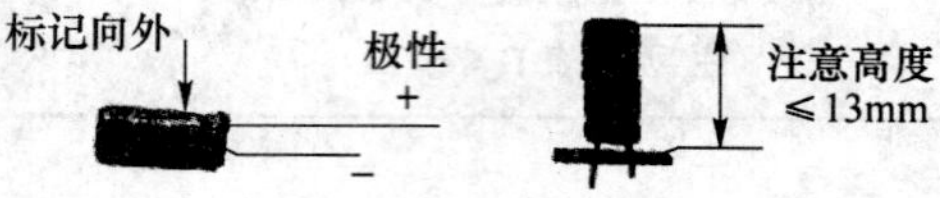

(1) 把三只中周(中频变压器)和两只音频变压器安装在线路板上，要求按到底，三只中周外壳固定支脚内弯 90°，要求焊上。

(2) 安装晶体管，注意型号(9013，9014，9018)、管脚(e，b，c)和安装高度。

(3) 安装全部电阻，注意色环方向保持一致，一般要立式安装，误差标记一端在下面。

(4) 安装二极管和电解电容器，注意极性和安装高度。

(5) 用 $\phi 2.5 \times 4$ 的螺钉把可变电容器拧在线路板上。

注意：所有元器件高度不得高于中频变压器的高度，圆片电容器不分正、负极。

(6) 焊接。安装后，防止安装有误，给后续工作带来麻烦，经辅导人员或学生之间检查后才允许进行焊接工作。引线或元器件管脚要进行渡锡处理，渡锡层未氧化时可以不再处理。

印制板焊好后，修整引线，剪断引线多余部分，注意不可留得太长，焊点高度小于 2 mm，也不可太短。在电位器和双联上安上拨轮，用四条电线连上喇叭、正极片与弹簧，并将正极片、弹簧分别插入机壳。

注意：电线两头露出的铜丝不要太长(露出 3 mm 为宜)，防止与其他地方短路。

(7) 直流测量：

① 通电前的准备。接入电源前必须检查电源有无输出电压(3 V)和引线正、负极是否正确。自检，互检，使得焊接及印制板质量达到要求，特别注意各电阻阻值是否与图纸相同，各晶体管、二级管和电解电容器是否有极性焊错，位置装错以及电路板覆铜板线条断线或短路，焊接时有无漏焊、虚焊、焊锡造成电路短路现象。

② 接入电源后。注意线路板留有 4 个测电流的口，用万用表分别在 4 个口处测量晶体管的静态工作电流：$I_{c1}=0.5$ mA 左右，$I_{c2}=1.5$ mA 左右，$I_{c4}=3$ mA 左右，$I_{c5}=I_{c6}=6$ mA 左右。测量合适后要用焊锡将电流口封住，这时收音机就响了，慢慢转动调谐拨轮，应能听到广播声。如果遇到哪一级电流太小或太大，要重点检查该级的二极管、晶体管极性是否装错，周围元件是否装错，是否有焊接短路的现象。

注意：可用万用表 100 mA 直流电流挡，测量整机静态总电流。

将表笔跨接于电源开关(开关为断开位置)的两端(若指针反偏,将表笔对调一下),测量结果为:

- 电流为 0。这是由于电源的引线已断,或电源的引线及开关虚焊所致,如果这一部分证明是完好的,应检查印刷电路板,看有无断裂处。
- 电流很大,表针满偏。这是由于输出变压器初级对地短路,或者 VT_5 和 VT_6 集电极对地短路(可能 VT_5 或 VT_6 的 c 和 e 脚间搭锡所致),要重点检查二极管(VD)是否焊接反,测量其两端电压(正常值应为 0.62 V 左右),如电压偏高,则应更换二极管。
- 本机正常总电流约为 10 mA±2 mA 。注意在此过程中不要调中周及微调电容,经通电检查并正常发声后,可进行调试工作。

(8) 调试:

① 调中频频率(俗称调中周)。目的是将中周的谐振频率都调整到固定的中频频率 465 kHz这一点上。

打开收音机开关,转动调谐拨轮可以选择接收某一广播电台信号,这时用改锥按顺序(由后级向前级)微微分别调试两个中频变压器(绿色 T_4、白色 T_3)的磁帽(反复调整 2～3 次),使喇叭输出音量最大。

② 调整频率范围(通常称为调覆盖或对刻度)。目的是使双联可变电容器全部旋入到全部旋出,所接受的频率范围恰好是整个中波波段,即 535～1 605 kHz。

- 低端调整。信号发生器调至 535 kHz,把收音机调谐拨轮指示转到低端 535 kHz 位置上(将双联可变电容器全部旋入),此时调振荡线圈(T_2),使收音机信号声出现并最强。
- 高端调整。再将信号发生器调到 1 605 kHz,把收音机调谐拨轮指示转到高端 1 605 kHz位置上(将双联可变电容器全部旋出),调双联可变电容器的微调电容器 $C_{1b'}$,使收音机信号声出现并最强。

注意: 高、低端反复调整 2～3 次,使信号最强。

也可用广播电台信号进行调试。收听熟悉的几个不同频段范围内的广播电台,调试使其声音最大,使指针对准其频率刻度即可。

③ 统调(调灵敏度,跟踪调整)。目的是使本机振荡频率始终比输入回路的谐振频率高出一个固定的中频频率 465 kHz。

- 低端调整。把收音机调谐拨轮指示转到低端 600 kHz 左右位置上,接收一电台信号,调整磁性天线 T_1 线圈在磁棒上的位置使低端信号最强,收音机输出的音量最大(一般线圈位置应靠近磁棒的右端)。
- 高端调整。把收音机调谐拨轮指示转到高端 1 500 kHz 左右位置上,接收一电台信号,调整微调电容器使高端信号最强,收音机输出的音量最大。

注意: 高、低端反复调整 2～3 次,调试完后即可用蜡将线圈固定在磁棒上。

晶体管收音机调试程序流程如图 6-30 所示。

(9) 故障排除。

检测要领:耐心细致、冷静有序。按步骤进行,一般由后级向前级检测,先判断故障位置,再查找故障点,循序渐进,排除故障。忌讳乱调乱拆,盲目烫焊,导致越修越坏。

常用的简易方法是用万用表电阻 Ω×10 挡,红表笔单接电池负极(地),黑表笔碰触晶

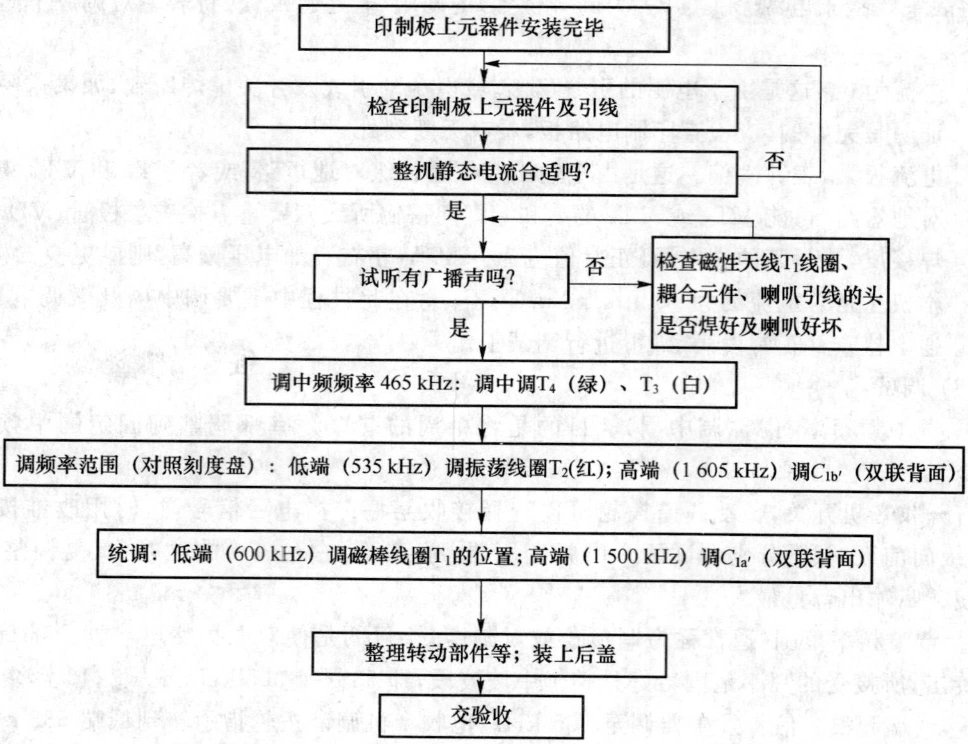

图 6-30　收音机调试程序流程

体管基极(通常为功率放大器或中频电压放大器的输入端),或手握改锥金属部分去碰放大器(功率放大、中频放大)输入端,此时,从喇叭可听到"咯咯"声。否则,碰触点后面电路有问题。

① 完全无声。接通电源开关将音量电位器开至最大,喇叭中没有任何响声。可以判定低频部分肯定有问题。首先检查 4 个电流口是否封住,再检查喇叭及喇叭引线,电池引线是否焊好,电位器开关是否接触好,输出变压器(T_6)的次级是否断线。

② 有沙沙……的电流声收不到电台。故障在高频部分。首先检查磁性天线(T_1)的线圈的头是否焊好,注意线圈的线头上是有漆的,必须先刮掉漆皮再焊才能焊好,检查双联电容器(C_{1a},C_{1b})的三个头是否焊好,检查中频变压器及周围的焊点是否有短路的现象,检查红色中频变压器(即振荡线圈 T_2)是否装错位置。

③ 收台少。这是统调没调好,应按顺序再重新进行认真统调。

④ 声音小。首先检查各晶体管的电流是否太小,再检查耦合元件是否正常。

⑤ 啸叫。首先检查各晶体管的电流(I_C)是否太大,再检查甲类低放反馈电容 C_8 是否失效。

(10) 产品验收:

① 外观。机壳、频率盘清洁完整,不得有划伤、烫伤及缺损。

② 印制板。安装整齐,无损伤,焊接质量好、光亮美观,不得有虚焊、桥接,特别是导线与正、负极片间的焊接质量要好。

③ 整机安装合格。转动部分要灵活,固定部分要可靠,后盖松紧要合适。

④ 性能指标要求：频率范围 535～1 605 kHz；灵敏度较高、选择性较好；音质清晰、宏亮、噪声低。

5. 实训报告要求

(1) 画出收音机原理图。

(2) 按实训要求内容整理测量数据。

(3) 简述收音机的安装、调试的步骤与方法。

(4) 在安装与调试过程中遇到的问题是什么？常见故障有哪些？你是如何排除的？

6.6　集成电路调频/调幅收音机的组装与调试

一、实训目的

同 6.5 节的实训目的。

二、实训器材

(1) 工具和仪表：25 W 电烙铁、烙铁架、尖嘴钳、斜口钳、镊子、螺丝刀、小刀和万用表等。

(2) 材料：德生 202T 调频/调幅/电视伴音收音机套件、焊锡、松香等。

三、实训原理

由于集成技术的迅速发展，分立元件的晶体管收音机早已被集成电路所取代，大规模集成电路可将调幅、调频收音机的绝大部分电路集成在一个芯片内，不但大大简化了电路，而且工作更加可靠。集成电路收音机是由集成电路配以适当的外围元器件构成的。目前收音机的高放、中放、检波、鉴频及低频放大电路均已实现集成化，而且集成度越来越高。为了满足接收不同频率的需要，输入调谐电路一般需使用分立元件或专用集成电路，其他各功能电路均集成在一个芯片内。调幅收音机的基本原理在 6.5 节中已经叙述，下面简单概述调频收音机的组成及基本原理。

调频收音机的组成及基本原理如图 6-31 所示。

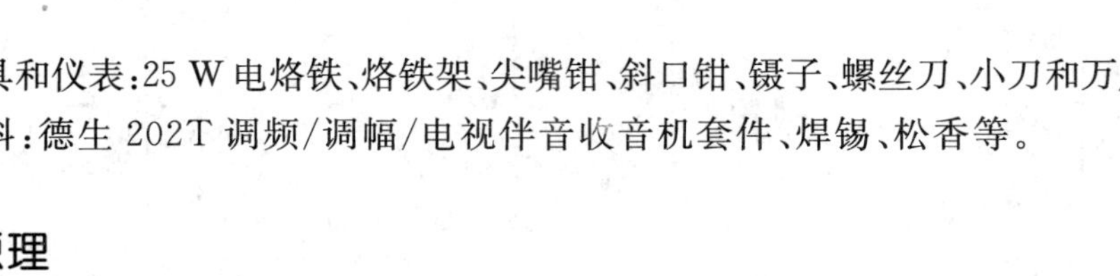

图 6-31　调频收音机组成框图

调频(FM)广播使用的是超短波发送，本实训产品接收的频段为 64～108 MHz，中频频率为 10.7 MHz。它和调幅(AM)超外差式收音机的电路结构相似，是由输入电路、高频放大器、混频器、中频放大器、限幅器、鉴频器、低频放大器、功率放大电路、本机振荡器及 AFC 电路等组成。

天线接收到的调频无线电波经输入电路选频和高频放大器放大后送给变频电路，变频电路利用晶体管的非线性作用，将调频信号和本机振荡器产生的正弦波信号进行混频，得到 10.7 MHz 的差频(中频)信号，即完成超外差过程。10.7 MHz 的中频信号经中频放大器放大后送到限幅器。限幅器的作用是切除调频波上的干扰和噪声，使中频信号变成一个等幅的调频波，然后送到鉴频器。鉴频器相当于调幅收音机的检波，将频率变化的信号转变成电压变化的信号。低频电压放大器和低频功率放大器功能同调幅收音机。此外，为防止电源电压及温度变化而引起振荡频率的漂移，电路还设有自动频率控制(AFC)电路。

德生 202T 调频(FM)/调幅(AM)/电视伴音(FM)收音机原理图如图 6-32 所示，其印制电路板图如图 6-33 所示。本实训收音机电路的核心器件是 CD1191CB 芯片，该芯片是一块集成度高，外围元件少的单片 FM/AM 收音机集成电路。

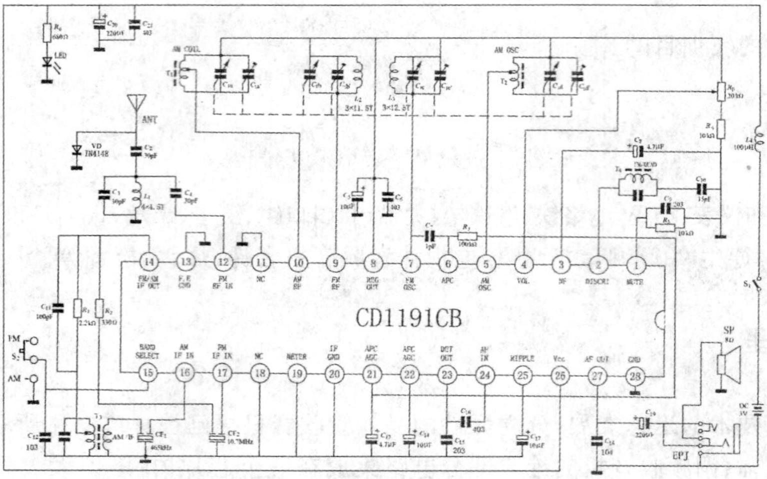

图 6-32　德生 202T 调频/调幅/电视伴音收音机原理图

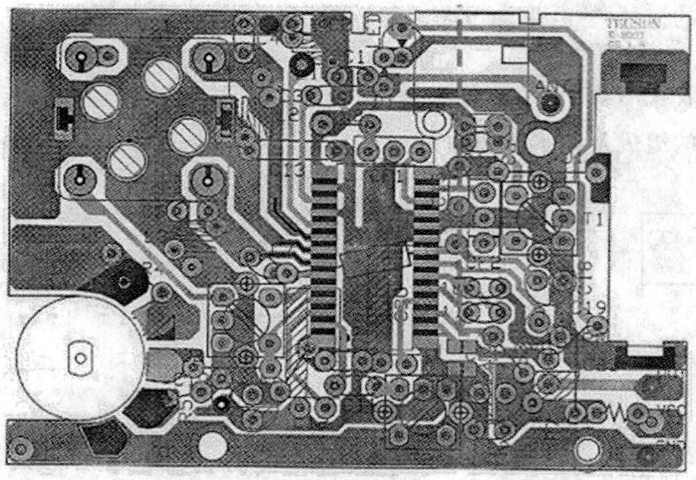

图 6-33　德生 202T 调频/调幅/电视伴音收音机印制电路板(主板)安装图

(1) CD1191CB 芯片的特点

- 静态电流小。$V_{CC}=3$ V 时，FM：$I_{CCQ}=5.3$ mA；AM：$I_{CCQ}=3.4$ mA（典型值）。
- 带有 FM/AM 选择开关。
- 输出功率大。$V_{CC}=6$ V，$R_L=8\Omega$ 时，$P_O=500$ mW（典型值）。
- 内置 AFC 可变电容。
- 内含 RF AGC 和 IF AGC。
- 电子音量控制，FM 静音。
- 封装形式：SOP28。

(2) CD1191CB 功能框图

CD1191CB 芯片 AM 信号接收主要功能框图如图 6-34 所示，FM 信号接收主要功能框图如图 6-35 所示。

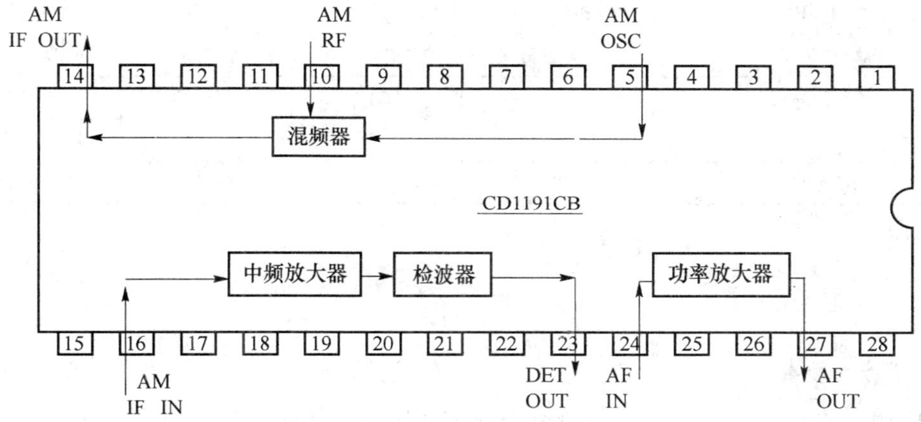

图 6-34　AM 信号接收主要功能框图与引脚说明

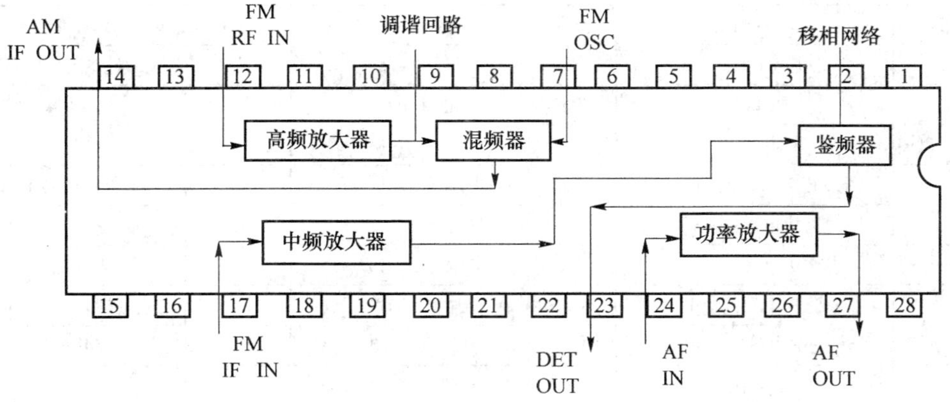

图 6-35　FM 信号接收主要功能框图与引脚说明

(3) CD1191CB 引脚功能说明

CD1191CB 引脚功能说明如表 6-6 所示。

表 6-6　CD1191CB 引脚功能说明

引脚	符号	功能	引脚	符号	功能
1	MUTE	静音	2	FM DISC	FM 移相
3	NF	负反馈	4	VOL	音量控制
5	AM OSC	调幅本振	6	AFC	自动频率控制
7	FM OSC	调频本振	8	REG OUT	基准源输出
9	FM　RF	FM　RF 调谐	10	AM RFIN	AM 射频输入
11	NC	空脚	12	FM RF IN	FM 射频输入
13	FE GND	高频地	14	AM IF OUT	中频输出
15	FM/AM SW	FM/AM 波段选择	16	AM IF IN	AM 中频输入
17	FM IF IN	FM 中频输入	18	NC	空脚
19	METER	调谐指示	20	IF GND	中频地
21	AFC/AGC	AFC/AGC 控制	22	AFC/AGC	AFC/AGC 控制
23	DET OUT	检波输出	24	AF IN	功放输入
25	RIP C	纹波滤波	26	V_{CC}	电源(电源正极)
27	AF OUT	功放输出	28	P GND	地(电源负极)

四、实训内容与步骤

1. 领取元器件

按照德生 202T 调频/调幅/电视伴音收音机套件清单领取元器件，如表 6-7、表 6-8 所示。

表 6-7　元器件清单表

位号	名称规格	位号	名称规格	位号	名称规格
IC	芯片 CD1191CB	VD	IN4148	LED	发光二极管 GYFR503
R_1	电阻 2.2 kΩ	R_2	电阻 330 Ω	R_3	电阻 100 kΩ
R_4	电阻 10 kΩ	R_5	电阻 10 kΩ	R_6	电阻 680 Ω
C_1	可变电容 444HF-4CAF	C_2	瓷片电容 30 pF	C_3	瓷片电容 30 pF
C_4	瓷片电容 30 pF	C_5	电解电容 10 μF	C_6	瓷片电容 403
C_7	瓷片电容 1 pF	C_8	电解电容 4.7 μF	C_9	瓷片电容 103
C_{10}	瓷片电容 15 pF	C_{11}	瓷片电容 100 pF	C_{12}	瓷片电容 103
C_{13}	电解电容 4.7 μF	C_{14}	电解电容 10 μF	C_{15}	瓷片电容 203
C_{16}	瓷片电容 403	C_{17}	电解电容 10 μF	C_{18}	贴片(0805)104
C_{19}	电解电容 220 μF	C_{20}	电解电容 220 μF	C_{21}	瓷片电容 403
L_1	电感线圈(4×4.5 T)	L_2	电感线圈(3×11.5T)	L_3	电感线圈(3×12.5T)
L_4	色环电感 100 μH	T_1	AM(磁棒)线圈	T_2	AM 振荡线圈(红)
T_3	AM 中频变压器(黄)	T_4	FM 移相线圈	CF_1	滤波器(10.7 MHz)
CF_2	滤波器(465 kHz)	R_P	电位器 20 kΩ	SP	扬声器(8 Ω)

注：0805 是指贴片电容的型号，在实际应用电路图中 403P 是瓷片电容常采用的表示方法。如 403P＝40 000 pF，104P＝10 0000 pF。

表 6-8　结构件清单表

序号	名称规格	数量	序号	名称规格	数量
1	面壳、手挽带	2	2	低壳、电池门	2
3	印制电路板	1	4	跳线（J_1、J_2、J_3、J_4）	4
5	波段转换小板	1	6	耳机接插小板	1
7	耳机插座	1	8	磁棒、磁棒支架	2
9	电源小板	1	10	负极弹簧	1
11	引线	6	12	调谐盘、音量盘	2
13	电源开关推钮、波段推钮	2	14	指针、镜片	2
15	固定螺丝	9	16	天线	1

2. 核对与检查

根据表 6-7、表 6-8，对照电路图核实元器件及各种结构件。

(1) 外观检查。要求元器件外观完整无损，标志清晰，引线无锈蚀和断脚等现象。对于电位器观察引出端子是否松动，转动转轴时感觉是否平滑，不应有过松过紧等情况，对于电感线圈观察表面有无发霉现象，绝缘有无损坏，线圈有无松散，引脚有无折断或生锈等现象。如果电感器带有磁心（如中频变压器、振荡线圈），还要检查磁心的螺纹是否配合，有无松脱现象。

(2) 质量检查。电阻、电容、二极管、变压器等常用元器件的具体检查方法见 6.1 节相关内容。

3. 装配

装配原则：安装时先安装低矮或耐热的元件（如电阻），再安装大一点的元件，最后安装怕热的器件。元器件安装质量好坏，直接影响到产品的电路性能与功率，要按照电子工艺规范的焊接技术认真练习后，再进行整机的安装。建议装配顺序：

(1) 贴片部分。印制电路板、跳线（4 个）、芯片 CD1191CB、片状电容 0805。

(2) 较小的元器件。金属膜电阻（5 种）、瓷介电容（7 种）、二极管（2 只）、色环电感、电感线圈（3 个）。

(3) 较大的元器件。滤波器（2 个）、电解电容（3 种）、电位器、薄膜介质可变电容、AM 中频变压器、AM 振荡线圈、FM 移相线圈、磁棒支架、磁棒、AM 线圈。

(4) 小板部分。波段转换小板、耳插小板、耳机插座、扬声器、引线。

(5) 电源部分。电源小板、负簧、引线。

(6) 开关部分。调谐盘、音量盘、电源开关推钮、波段推钮。

(7) 机械部分。面壳、镜片、指针、底壳、手挽带、电池门。

4. 检测

收音机组装完毕后，需要进行检测和调试，可按以下步骤进行：

(1) 通电前的检测。学生之间对安装好的印制电路板进行自检和互检，主要检查各元器件位置与图纸所示的位置是否相同，二极管、电解电容的极性是否正确，焊点有无虚焊、短路等情况（焊接之前和焊接之后分两步进行）。焊接完的印制电路板通过检查无误后可装配其他部分结构件。

(2) 通电后的初步检测。具体检测方法如下。

- 将电位器开关关掉，用万用表的 50 mA 挡，将表笔跨接在电位器开关两端（黑表笔接电池负极，红表笔接开关的另一端），若电流小于 10 mA，则说明可以通电。
- 收音机装上电池（注意正、负极性），测量电源电压 3 V，不得小于 2.8 V。
- 装上电池后，电源指示灯不亮：检查电池是否装反了；检查电源小板上的跳线是否焊接上了；检查电源线，地线是否焊接好了。如果以上情况都不存在，检查是否元器件焊反了，或者焊错位置了；是否存在虚焊或搭焊现象。
- 装上电池后，电源指示灯亮，但喇叭没有声音：检查是否元器件焊反了，或者焊错位置了；是否存在虚焊或搭焊现象。
- 装上电池后，电源指示灯亮，喇叭有声音，但是收不到电台：检查 AM 天线部分，拉杆天线部分（看看黄线是否焊接在了主电路板 ANT 和拉杆天线上）。
- 电源开关推钮很紧，开关困难：电源开关推扭和波段开关推扭安装反了。
- 音量旋钮不起作用：检查电位器 5 个焊点是否都进行了焊接，是否焊接完好。
- 调谐钮转动时存在阻力：调谐盘和附近元器件存在摩擦，将附近元器件位置放低些。

5. 测试与调试

集成电路收音机的调试项目相对来讲，比分立元件收音机调试的内容要少，因为各功能电路都在集成芯片内，各级电路静态工作点按要求设计，不必对各级静态工作点进行调整。所以只对集成电路收音机调幅和调频部分进行必要的测试和调试。

(1) 调幅(AM)部分

① 静态测试。在调试前，先对收音机进行静态测试。将收音机波段开关 S_2 置于 AM 位置，此时收音机为中波接收状态，将收音机调至无电台的位置。

电源开关断开，将万用表调至直流电流挡(50 mA)，跨接在开关两端，此时的静态电流值为 8 mA 左右。

接通电源开关，将万用表调至直流电压挡(10 V)，分别测试集成电路各脚的电位。记录并填入实训报告表。正常情况下的测试结果如表 6-9 所示。

表 6-9 调幅状态各引脚参考电压 V

引脚	电压	引脚	电压	引脚	电压	引脚	电压	引脚	电压	引脚	电压	引脚	电压
1	0.4	2	2.7	3	1.5	4	1.3	5	1.3	6	1.4	7	1.3
8	1.3	9	1.3	10	1.3	11	0	12	0	13	0	14	2 mV
15	0	16	0	17	0	18	0	19	0	20	0	21	1.5
22	1.1	23	1.0	24	2 mV	25	2.3	26	3	27	1.5	28	0

② AM 中频频率的调试。将 AM/FM 高频信号发生器的调制方式开关置于 AM，调制量程开关置于 30（调制度为 30%），调制选择开关置于 1 000（调制频率为 1 000 Hz），载波频率调到 465 kHz。

为避免电台信号的干扰，将收音机的可变电容器旋至频率的低端（此处无电台广播），接通电源并将音量电位器调到最大音量处，使收音机接收到高频信号发生器环形天线发射的调幅中频信号，可适当调整高频信号发生器的输出强度，使扬声器发出清晰的 1 000 Hz 音频声，可以在扬声器的两端接入示波器，观看 1 000 Hz 信号波形（也可用毫伏表测量扬声器两端的电压值）。用无感螺丝刀调整中频变压器（T_3）的磁帽使声音最大，或示波器显示的正弦信号幅度最大且不失真，无干扰。

另外，可在高频信号发生器的射频输出电缆端串接一个 0.01～0.047 μF 的电容器，将信号直接加在集成电路的 14 脚（FM/AM 中频输出端）上。调整中频变压器（T_3）的磁帽使声音最大。

③ AM 频率范围的调试。高频信号发生器的设置不变，根据频率范围的高、低改变载波频率。示波器接到扬声器的两端。

将收音机的四联电容器旋到低频端（旋到底），高频信号发生器的载波频率调到 535 kHz，通过磁性天线，收音机将接收到高频信号发生器所发射的信号（可将信号发生器输出电缆线直接夹在磁棒上），用无感螺丝刀调整振荡线圈（T_2）的磁帽，示波器显示正弦波，并使其幅值最大。

然后，将高频信号发生器的载波频率调到 1 605 kHz，收音机的四联电容器旋至高频端（旋到底），调整振荡回路的补偿电容（$C_{1a'}$），示波器显示正弦波，并使其幅值最大。

高、低端频率在调整时相互影响，所以要反复调整几次，直到调准为止。

④ AM 统调。高频信号发生器的设置不变，载波频率调到 800 kHz，将其输出电缆线直接夹在磁棒上。

调节频率调谐盘，使收音机收到 800 kHz 信号，此时用无感螺丝刀调整磁性天线（T_1）线圈的位置。观察示波器的波形，使其波形最好且幅值最大。

将高频信号发生器的载波频率调到 1 200 kHz，调节频率调谐盘，使收音机收到 1 200 kHz 信号，此时用无感螺丝刀调整补偿（$C_{1d'}$）。观察示波器的波形，使其波形最好且幅值最大。

高、低端频率在调整时相互影响，同样要反复调整几次，直到调准为止。

(2) 调频(FM)部分

① 静态测试。在调试前，同样先对收音机进行静态测试。将收音机波段开关 S_2 置于 FM 位置，此时收音机为调频接收状态，将收音机调至无电台的位置。

电源开关断开，将万用表调至直流电流挡（50 mA），跨接在开关两端，此时的静态电流值为 6 mA 左右。

接通电源开关，将万用表调至直流电压挡（10 V），分别测试集成电路各脚的电位。记录并填入实训报告表中。正常情况下的测试结果如表 6-10 所示。

表 6-10　调频(FM)状态各引脚参考电压　　V

引脚	电压	引脚	电压	引脚	电压	引脚	电压	引脚	电压	引脚	电压	引脚	电压
1	0.1	2	2.2	3	1.5	4	1.3	5	1.3	6	1.3	7	1.3
8	1.3	9	1.3	10	1.3	11	0	12	0.4	13	0	14	4 mV
15	1.3	16	0	17	1.3	18	0	19	0	20	0	21	1.3
22	1.3	23	1.3	24	0	25	2.7	26	3	27	1.5	28	0

② FM 中频的调试。将 AM/FM 高频信号发生器的调制方式开关置于 FM,调制量程开关置于 30(调制度为 30%),调制选择开关置于 1 000(调制频率为 1 000 Hz),载波频率调到 10.7 MHz。

为避免电台信号的干扰,将收音机的可变电容器旋至频率的低端(此处无电台广播),接通电源并将音量电位器调到最大音量 2/3 处。信号可由拉杆天线接收,或在高频信号发生器的射频输出电缆端串接一个 100 pF 的电容器,将信号直接加在集成电路的 14 脚(FM/AM 中频输出端、AM 中频变压器的输入端)上。

可适当调整高频信号发生器的输出强度,使扬声器发出清晰的 1 000 Hz 音频声,可以在扬声器的两端接入示波器,观看 1 000 Hz 信号波形。用无感螺丝刀调整 FM 移相线圈(T_4)的磁帽使声音最大,示波器显示的正弦信号幅度最大且不失真,无干扰。

③ FM 频率范围的调试。电视伴音 2～5 频道载波频率为 64.25～91.75 MHz,调频广播的载波频率为 88～108 MHz。高频信号发生器的设置不变,根据频率范围的高、低改变载波频率。

低端调整:示波器接到扬声器的两端,将收音机的四联电容器旋到低频端(旋到底),高频信号发生器的载波频率调到 64.25 MHz ,通过拉杆天线收音机将接收到高频信号发生器所发射的信号(可将信号发生器输出电缆线直接夹在拉杆天线上,另一端接地),用无感螺丝刀调整 L_3 调频振荡线圈的匝间距离,示波器显示正弦波,并使其幅值最大。

高端调整:将高频信号发生器的载波频率调到 108 MHz,收音机的四联电容器旋至高频端(旋到底),调整调频振荡回路的补偿电容($C_{1b'}$),示波器显示正弦波,并使其幅值最大。高、低端频率在调整时相互影响,同样要反复调整几次,直到调准为止。

④ FM 统调。高频信号发生器的设置、接法及示波器的接法不变,载波频率调到 88 MHz,将其输出电缆线直接夹在拉杆天线上。

低端调整:调节频率调谐盘,使收音机收到 88 MHz 信号,此时用无感螺丝刀调整调频调谐回路线圈(L_2)的匝间距离。观察示波器的波形,使其波形最好且幅值最大。

高端调整:将高频信号发生器的载波频率调到 108 MHz,调节频率调谐盘,使收音机收到 108 MHz 信号,此时用无感螺丝刀调整补偿($C_{1c'}$)。观察示波器的波形,使其波形最好且幅值最大。高、低端频率在调整时相互影响,同样要反复调整几次,直到调准为止。

统调的频点也可自己设定为 72 MHz,90 MHz 及 104 MHz,调试方法同上。

6. 收音机产品的验收

按照产品出厂的要求进行验收。

(1) 外观:机壳及频率盘清洁完整,不得有划伤、烫伤及缺损。

(2) 印制板安装整齐美观,焊接质量好,无损伤。

(3) 导线焊接可靠,不得有虚焊,特别是导线与正、负极的焊接位置和质量要好。

(4) 整机安装合格:转动部分灵活,固定部分可靠,后盖松紧合适。

(5) 性能指标有如下要求。

- 频率范围:AM 广播 535～1 605 kHz;FM 广播 88～108 MHz;电视伴音 2～5 频道的频率为 64.25～91.75 MHz。
- 灵敏度较高。
- 收音机的音质清晰、宏亮、噪声低。

五、实训报告要求

(1) 画出调频/调幅/电视伴音收音机原理图。
(2) 按实训要求内容整理测量数据。
(3) 简述收音机的安装、调试的步骤与方法。
(4) 在安装与调试过程中遇到的问题是什么？常见故障有哪些？你是如何排除的？

6.7　调频耳机的组装与调试

一、实训目的

(1) 了解调频收音机的工作原理，熟练使用电烙铁、万用表等电子工具。
(2) 掌握元器件的识别、简易测试及整机调试工艺。
(3) 通过对本产品的安装、焊接、调试，了解电子产品的内部构造，训练动手能力。

二、实训所用器材

(1) 调频耳机一套：主要元器件明细如表 6-11 所示。
(2) 焊接、调试工具：电烙铁(带支架)、焊锡、松香、偏口钳、改锥等。
(3) 直流稳压电源、万用表、信号发生器等。

表 6-11　元器件明细表

名称	个数	名称	个数
电阻器	8	三极管 9014	4
音量电位器	1	集成线路板	1
瓷片电容器	18	耳机插孔	11
电解电容器	2	双色指示灯	2
PVC 可调电容器	1	拨动开关	1
电感线圈	4	正、负极片	2
磁心电感	1	大小拨轮	2
组装螺钉	15	扬声器	2
丝包线	3	拉线天线	1

三、调频耳机工作原理

调频收音机的组成及基本原理详见 6.6 节，本节不再重复。

调频耳机具有单声道 FM 收音机的全部功能，工作电源电压范围为 1.8～6 V，推荐值为 3 V。它适用单声道或立体声 FM 收音机，尤其适用于低压微调谐系统。调频耳机原理电路如图 6-36 所示，整个电路图主要由核心芯片 SP7021F 和两级功率放大电路组成。

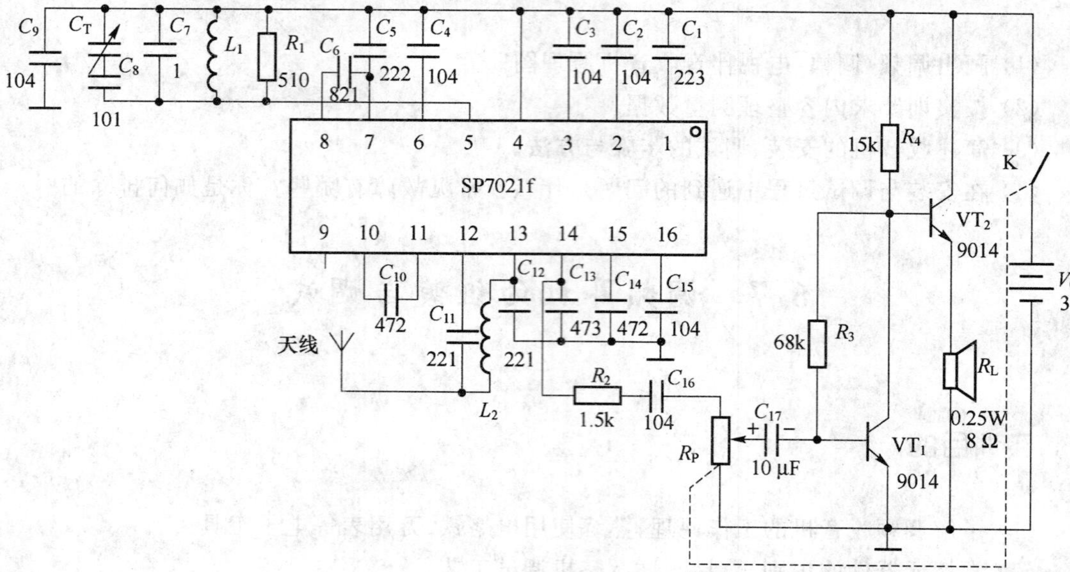

图 6-36　调频耳机原理电路

1. SP7021F 集成电路

SP7021F 内包含有高放、混频、本振 VCO 组成的频率锁相环电路，用来对中频频偏进行压缩，以满足广播信号的频带宽度。还包括二级有源中频滤波器、中频限幅放大器、鉴频器、低频放大器、静噪电路以及相关静噪系统等，可用于抑制无信号时电源开关转换以及接收弱信号时的噪声，提高信噪比。

SP7021 芯片采用 16 脚双列扁平封装，各引脚功能如图 6-37 所示。

输入回路不需要调谐，采用宽频带接收，通过改变本振调谐频率来选择电台信号，高频输入信号频率范围为 1.5～110 MHz。

中频频率很低只有 76 kHz，中频滤波由内电路来实现，在外电路取消了中周变压器或陶瓷滤波器简化了电路调整，缩小了体积。

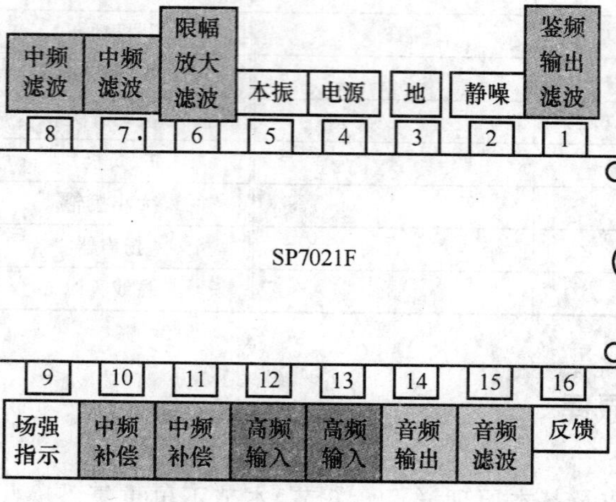

图 6-37　SP7021 芯片引脚排列图

2. 两级功率放大电路

两级功率放大电路如图 6-38 所示，由 R_P，C_{17}，R_3，R_4，VT_1，VT_2 和 R_{L1} 及 R_{L2} 等元器件构成。电位器 R_P 用来调节音量；电解电容器 C_{17} 为耦合电容，起隔直流通交流的作用；R_3 和 R_4 是偏置电阻，为三极管提供合适的静态偏置；R_{L1} 和 R_{L2} 为负载（扬声器），把电信号转换成声音，三极管 VT_1 和 VT_2 是功率放大电路的核心器件。

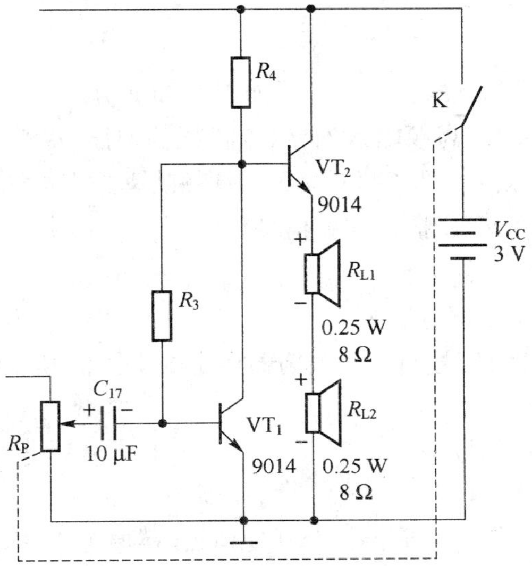

图 6-38　两级功率放大器

3. 并联谐振回路

并联谐振回路如图 6-39 所示，由 R_1，L_1，C 并联构成，具有选频特性，回路谐振时，可获得最大电压输出（U_O 最大），回路的品质因数 Q 越高，回路谐振曲线越尖锐，选择性越好。

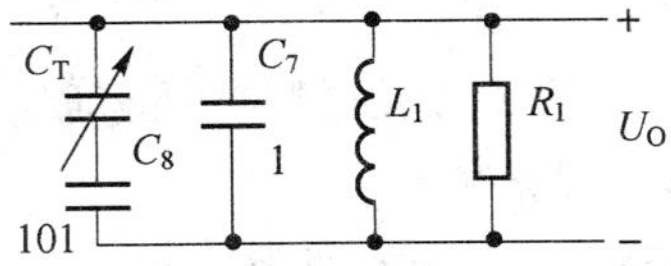

图 6-39　并联谐振回路

4. 元器件的作用与符号

(1) 电阻 R、电容器 C 以及电感器 L 的特性及识别、检测详见 6.1 节。

(2) 电动式扬声器：当接到扬声器的信号中有交流也有直流时，要让直流电由扬声器的正端进入，由负端流出，这样，直流电产生磁场与原来的永久磁铁的磁场方向相同，不会使永久磁铁退磁。

当使用两个（或两个以上）扬声器并联或串联工作时，并联要正-正连接、负-负连接，串联要从第一个的正端进入，负端出来再进第二个的正端，再从第二个的负端出来。这样保证发出的声音同相位，使总的声音增大。

如果只有一个扬声器，并且保证没有直流成分，那么就不用区分其正、负端子。

四、实训内容与步骤

1. 认知

按材料清单(随套件发)清点全套零件,认知元器件,了解它们的结构、性能和作用,了解图纸上的元器件符号。

2. 读图

(1) 了解用途:调频(FM)接收机,电路框如图 6-35 所示。

(2) 化整为零:接收天线、高频输入回路、本机振荡回路、混频(变频)电路、中频(选频)放大电路、鉴频电路、自动频率控制(AFC)电路、低频功率放大电路和扬声器(喇叭)。

接收天线:接收调频(FM)广播的高频信号。

输入回路:选择不同的广播电台。

高频(谐振)放大:放大高频信号。

FM 混频:被放大的高频信号与本地振荡器产生的本振信号在内部进行 FM 混频,产生中频(载波为 76 kHz)信号。

中频放大器:放大中频信号。

鉴频器:检出音频信号。

功率放大器:放大音频信号并输出耦合到扬声器,还原为声音。

(3) 找出通路:直流通路和交流信号通路。

3. 检测元器件

用万用表检测元器件,检测方法详见表 6-4。

4. 装配

要认真细心地进行元器件安装,元器件安装质量及顺序直接影响整机质量与成功率,合理的安装需要思考及经验,建议装配顺序如下。

(1) 集成电路芯片(SP7021):注意标记引脚位置正确,引脚与焊盘对齐。

(2) 电位器带开关:注意安装、焊接位置。

(3) 可变电容器:后装配的元器件高度不要超过可变电容器的高度。

(4) 瓷片电容器:注意圆片电容器不分正、负极,安装高度尽量低。

(5) 电感:$L_1=10\text{T}$,$L_2=21\text{T}$。

(6) 电阻:注意色环方向保持一致,一般要立式安装,误差标记一端在下面。

(7) 三极管:注意引脚(c,b,e),安装高度尽量低。

(8) 电解电容器:注意电解电容的正、负极性(+、-)和安装高度尽量低。

注意: 不要用汗手摸电路板上焊盘。

5. 焊接

安装后,经辅导人员或学生之间检查后才允许进行焊接工作,防止安装有误,给后续工作带来麻烦。

焊接时,电烙铁头上要有少量焊锡,电烙铁头要接触到元件的引脚与铜箔,这时把焊锡丝触到烙铁头,焊锡丝就会很快熔化,把元件的引脚与铜箔连在一体,焊锡、烙铁很快离开,这样就焊好了。

检查焊点：检查有无漏焊点、虚焊点和短接点，注意不要桥接。

6. 成装

印制板焊好后，修整引线，剪断引线多余部分，注意：不可留得太长（焊点高度小于 2 mm），如图 6-40 所示。

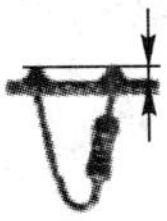

图 6-40　元件立式安装图

在电位器和可调电容器上安装拨轮，用电线连接喇叭、正极片与弹簧；并将正极片、弹簧分别插入机壳。

注意： 电线两头露出的铜丝不要太长（露出 3 mm 为宜），以防止与其他地方短路。

7. 通电前检查

(1) 接入电源前必须检查电源有无输出电压（3 V）和引线正、负极是否正确。

(2) 自检，互检，使得焊接及印制板质量达到要求。

注意： 各电阻的阻值是否与图纸相同，各三级管和电解电容器极性是否正确；电路板线条是否断线或短路，焊接时有无漏焊、虚焊、焊锡造成电路短路现象。

8. 直流测量

用万用表 100 mA 直流电流挡，测量整机静态总电流。将表笔跨接于电源开关（开关为断开位置）的两端（若指针反偏，将表笔对调一下），测量结果如下。

(1) 电流为 0：这是由于电源的引线已断，或电源的引线及开关虚焊所致，检查印刷电路板，看有无断裂处。

(2) 电流很大，表针满偏：可能三极管集电极对地短路（ce 结击穿或搭锡所致），或其他地方有短路情况。

(3) 本机正常总电流约为 6 mA。

SP7021F 芯片静态电压：$U_3=0$ V，$U_4=3$ V，$U_{13}=0.9$ V，$U_{14}=1.3$ V。

9. 装配完成后，经常出现的问题

(1) 装上电池后，没有声音或一个喇叭没有声音：

① 检查电池是否接反了；

② 检查电源线，地线是否焊接好了；

③ 检查元器件是否焊接反了，是否焊错位置，或虚焊、搭焊现象；

④ 检查扬声器及附近元器件是否焊接好或一个扬声器短路。

特别注意： 扬声器小，焊接时容易坏（引线易从内部断）。

(2) 喇叭有声音，但收不到电台：检查拉杆天线部分。

(3) 音量旋钮不起作用：检查音量电位器 5 个焊点是否焊接完好。

(4) 调谐旋钮转动时，存在摩擦阻力：将附近元器件位置放低。

10. 故障排除

(1) 检测要领：耐心细致、冷静有序。按步骤进行，一般由后级向前级检测，先判断故障位置，再查找故障点，循序渐进，排除故障。忌讳乱调乱拆，盲目烫焊，导致越修越坏。

(2) 外观检查:检查各元器件安装是否有误,尤其是集成块不得装反,电解电容"+"、"−"极性是否安装正确。检查天线、电源线、喇叭及线是否连好;各焊点有无虚焊,漏焊,碰焊。

(3) 试听:安装电池通电检查。打开音量开关,在电台正常播放时间里若不能收到电台;应取出电池继续仔细检查有无错误,应检查是否有元器件错焊、搭焊、虚焊、漏焊,各导线连接情况等。

通电后,如出现无声故障,首先检查音量电位器是否已开到较大位置,然后在集成块SP7021 的 14 脚(功放输入端)加感应信号,用手拿住金属导电物,如螺丝刀或镊子,小心将其尖端与 SP7021 的 14 脚(功放输入)的焊点相接触。

(4) 音频检查:主要是检查收音机低频部分(低频功率放大)性能好坏。

如果音频放大部分电路工作正常,则可听到扬声器有交流声响。其频率正好是人体感应的交流信号。一般方法为:

① 用万用表电阻 Ω×10 挡,红表笔单接电池负极(地),黑表笔碰触放大器输入端(一般为三极管基极),此时,从喇叭可听到"咯咯"声。否则,碰触点后面电路有问题。

② 用手握改锥金属部分去碰放大器输入端,从喇叭听反应。

完全无声:接通电源开关将音量电位器开至最大,喇叭中没有任何响声,可以判定低频部分肯定有问题。首先检查喇叭及喇叭引线,电池引线是否焊好,电位器开关是否接触好。

有沙沙……的电流声收不到电台:故障在高频部分。首先检查天线是否焊好,单联电容器的三个头是否焊好,再检查芯片是否装错位置。

声音小:首先检查三极管的电流是否太小,再检查耦合元件是否正常。

啸叫:检查各级电流是否太大。

11. 产品验收

(1) 外观:机壳等清洁完整,不得有划伤、烫伤及缺损。

(2) 印制板:安装整齐美观,无损伤,焊接质量好、美观,不得有虚焊。

(3) 整机安装合格:转动部分要灵活,固定部分要可靠。

(4) 性能指标达到实训要求。

五、实训报告要求

(1) 画出收音机原理图。

(2) 按实训要求内容整理测量数据。

(3) 简述收音机的安装、调试的步骤与方法。

(4) 在安装与调试过程中遇到的问题是什么?常见故障有哪些?你是如何排除的?

参 考 文 献

[1] 张桂芬. 电路与电子技术实验. 北京:人民邮电出版社,2009.
[2] 黄永定. 电子实验综合实训教程. 北京:北京机械工业出版社,2004.
[3] 曾令琴. 电子电工技术. 北京:人民邮电出版社,2006.
[4] 郭淑珍. 模拟电子技术实验指导书. 北京:中央广播电视大学出版社,1990.
[5] 郑秀珍. 电路分析基础. 北京:中央广播电视大学出版社,2002.
[6] 张铭生. 电子技术基础实验. 北京:人民邮电出版社,2007.
[7] 门宏. 电工与电子实验实训教程. 北京:机械工业出版社,2007.
[8] 王慧玲. 电路基础实验与综合实训. 北京:高等教育出版社,2003.
[9] 朱采莲. Multisim 电子电路仿真教程. 西安:西安电子科技大学出版社,2007.
[10] 郭勇. EDA 技术基础. 北京:机械工业出版社,2007.